AF464979

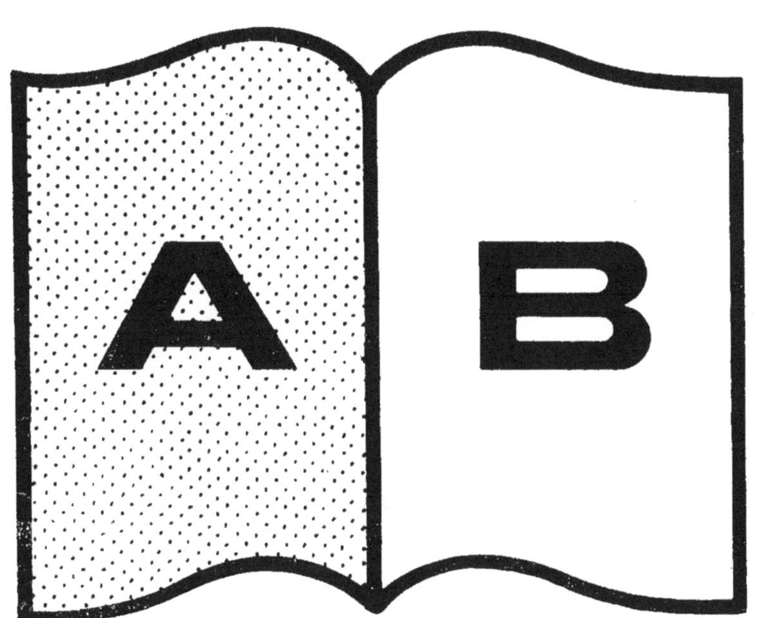
A
B

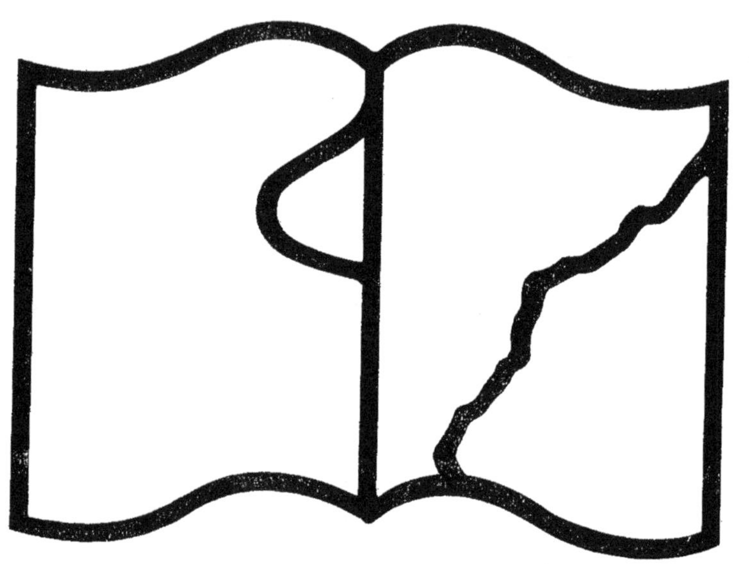

Texte détérioré — reliure défectueuse

NF Z 43-120-11

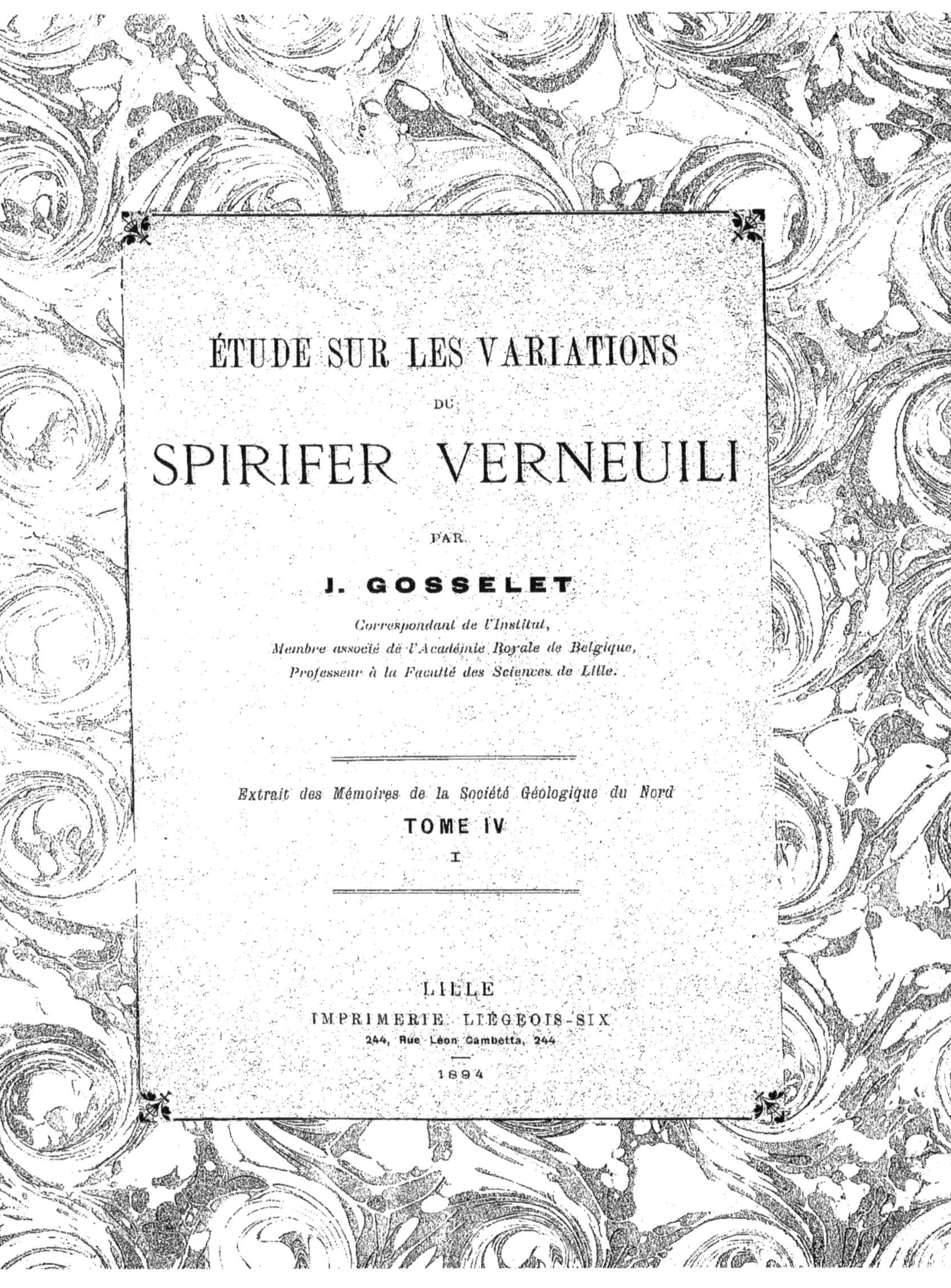

ÉTUDE SUR LES VARIATIONS

DU

SPIRIFER VERNEUILI

PAR

J. GOSSELET

Correspondant de l'Institut,
Membre associé de l'Académie Royale de Belgique,
Professeur à la Faculté des Sciences de Lille.

Extrait des Mémoires de la Société Géologique du Nord

TOME IV

I

LILLE
IMPRIMERIE LIÉGEOIS-SIX
244, Rue Léon Gambetta, 244

1894

ÉTUDE

SUR LES VARIATIONS

DU

SPIRIFER VERNEUILI

MÉMOIRES
DE LA
SOCIÉTÉ GÉOLOGIQUE
DU NORD

ÉTUDE
SUR LES VARIATIONS
DU
SPIRIFER VERNEUILI

PAR

J. GOSSELET

Correspondant de l'Institut,
Membre associé de l'Académie Royale de Belgique,
Professeur à la Faculté des Sciences de Lille.

TOME IV

I

LILLE
IMPRIMERIE LIEGEOIS-SIX
244, Rue Léon Gambetta, 244

1894

ÉTUDE

SUR LES

VARIATIONS DU SPIRIFER VERNEUILI

ET SUR QUELQUES ESPÈCES VOISINES

I. — Introduction.

Le *Spirifer Verneuili* ou *disjunctus* est un des fossiles les plus communs du dévonien supérieur. Il s'y présente avec une abondance d'individus et une multiplicité de formes, qui laissent loin derrière elles ce qui existe pour les autres espèces. J'ai cru qu'il serait utile de comparer ces formes et de définir les limites qui séparent le *Spirifer Verneuili* des espèces voisines. Il était également intéressant d'examiner si les diverses formes, qui sont plus ou moins voisines du *Spirifer Verneuili* et qui ont reçu des noms spéciaux, sont réellement des espèces distinctes ou si elles ne sont que des variétés.

Laissant de côté la question théorique de savoir en quoi une espèce se distingue d'une variété, on peut admettre que quand deux formes distinctes passent de l'une à l'autre par une foule de gradations insensibles, telles qu'on ne peut pas dire où commence l'une et où finit l'autre, il y a avantage à les laisser dans la même espèce. Néanmoins, il peut être utile de les décrire et de les dénommer par un nom spécial. On a critiqué les noms de variétés par la raison qu'ils compliquent la nomenclature et qu'ils obligent la mémoire à retenir trois noms au lieu de deux. C'est en effet un léger inconvénient et toutes les fois qu'une espèce est assez homogène, il est préférable de ne pas la diviser en variétés. Mais il est des espèces, telles que le *Spirifer Verneuili*, où les formes sont si variées qu'il est nécessaire d'y établir des groupes pour les comparer et les synthétiser. Dès lors on est en présence de deux solutions. Vaut-il mieux créer des espèces avec des noms différents, ou ajouter dans certaines circonstances, un nom de variété au nom spécifique?

Entre ces deux solutions, la seconde est celle qui a le moins d'inconvénients. Dans bien des cas, on ne citera le fossile que sous son nom spécifique ; ce ne sera que très rarement et dans des travaux spéciaux que l'on devra se servir du nom de la variété. Si l'effort de mémoire est plus grand pour certaines personnes, il sera moindre pour beaucoup d'autres.

Le nom spécifique commun à plusieurs formes a aussi l'avantage de signaler leur étroite affinité, tandis que des désignations spécifiques différentes n'indiqueraient pas plus de rapport entre deux formes de *Spirifer Verneuili* qu'entre deux Spirifères très distincts.

Il y a cependant une réserve à faire au point de vue géologique. Quand une forme se trouve localisée à un certain niveau, il est bon de lui donner un nom spécifique particulier, même lorsqu'on la sépare difficilement des formes voisines. On trouvera que c'est illogique ; mais en histoire naturelle et surtout en nomenclature, il ne faut pas se confiner dans une rigueur absolue. On peut quelquefois, sans inconvénients et même avec avantage, faire plier la règle devant l'utilité pratique.

Ainsi, bien que l'on puisse croire à l'identité d'espèce de l'*Ostrea arcuata* et de l'*Ostrea cymbium*, bien que l'on trouve des formes de passage entre les deux, il y a grande utilité à les considérer comme distinctes et à leur donner des noms différents, parce qu'elles caractérisent des étages différents.

On verra que c'est le cas pour deux formes très voisines du *Spirifer Verneuili*, le *Spirifer aperturatus* et le *Spirifer Orbelianus*.

Mais en dehors de ces deux formes, reposant sur deux caractères, qui, s'ils ont peu d'importance, sont au moins positifs et constants, les autres variations ne sont plus que des degrés dans un même caractère. Non seulement elles passent facilement de l'une à l'autre, par des individus qui ne présentent que de légères différences, mais un même individu possède successivement par les progrès de l'âge les caractères de deux ou trois variétés différentes. De plus, à une exception près, on ne remarque pas que l'âge géologique où vivait le Spirifère ait une influence sur sa forme, c'est-à-dire que les variétés ne sont pas caractéristiques d'un niveau géologique.

D'après quelques paléontologistes, le *Spirifer Verneuili* aurait déjà vécu à l'époque des schistes à calcéoles (eifélien), mais on ne peut citer alors que quelques rares individus. Pour ma part, non seulement je n'en ai pas trouvé dans l'eifélien, mais je n'en ai même jamais rencontré avec le Strigocephale et autres fossiles caractéristiques du givétien. On commence à en voir dans quelques bancs supérieurs du calcaire de Givet, que M. Dupont a détachés pour cette raison du givétien et a fait passer dans le frasnien. Ces premières formes de *Spirifer Verneuili* n'ont rien de particulier ; elles rappellent celles que l'on rencontre à Ferques, à Rhisnes, etc., à un niveau plus élevé.

C'est dans le frasnien, que l'on trouve les formes les plus variées et les plus nombreuses. Un niveau situé à la base de l'étage et que j'ai souvent désigné d'une manière familière sous le nom de *zone des monstres*, est caractérisé par deux espèces, très voisines du *Spirifer Verneuili*, que l'on devrait peut-être considérer comme deux variétés : *Spirifer Orbelianus* et *Spirifer aperturatus*.

Un niveau un peu plus élevé du frasnien possède une forme que l'on confondrait facilement avec le *Verneuili*, mais que je relie au *Spirifer bifidus*.

Les Schistes de Barvaux qui appartiennent au frasnien supérieur et qui sont un faciès particulier des schistes à *Cardium palmatum* sont très remarquables par la taille et la variété de leurs *Spirifer Verneuili*. Il faut croire que la position de Barvaux était favorable au développement de l'espèce, car les Spirifères que l'on recueille dans le frasnien inférieur de la même localité possèdent aussi une taille considérable. En raison de la beauté et de la variation des formes que l'on trouve dans les schistes de Barvaux, j'ai cru utile de commencer par l'étude de ces Spirifères ; mieux que d'autres ils montreront le passage d'une variété à l'autre.

Le *Spirifer Verneuili* se prolonge dans l'étage famennien, il y est aussi très abondant ; mais il y rencontre, dès l'abord, un concurrent redoutable dans le *Cyrtia Murchisoniana*. Pendant longtemps on a confondu ces deux fossiles. De Konnink, qui les avait distingués, ne se doutait pas du rôle important que le *Cyrtia Murchisoniana* a joué dans la faune belge et des variations de forme qu'il présente. La lutte pour la vie s'établit-elle entre ces deux espèces si voisines (1) ? C'est possible. Dans ce cas, ce fut la plus jeune qui fut vaincue. Après avoir pullulé dans les assises inférieures du famennien, le *Cyrtia Murchisoniana* disparut, tandis que le *Spirifer Verneuili* continua à peupler les mers de la troisième assise famennienne (assise à *Rhynchonella letiensis*) ; mais il était lui-même frappé dans sa vitalité ; il se faisait moins commun et plus uniforme ; dès la quatrième assise famennienne, il devient une rareté et disparaît avant la fin de l'époque dévonienne.

II. — Caractères généraux du Spirifer Verneuili.

Le genre *Spirifer* appartient à la classe des Brachiopodes. Il possède une coquille calcaire bivalve, symétrique par rapport à un plan perpendiculaire aux deux valves. Le présent travail ne comportant pas l'étude des appareils internes, je renvoie aux livres spéciaux pour tout ce qui les concerne, je me borne à rappeler que les deux valves sont articulées l'une à l'autre à l'aide de deux dents.

La coquille est inéquivalve, mais équilatérale, à valves convexes. Les deux valves présentent une partie moyenne, creuse dans l'une (*sinus*), bombée dans l'autre (*bourrelet*) et deux parties latérales (*ailes*) qui se terminent souvent en pointes.

---

(1) Le *Cyrtia Murchisoniana* ne diffère guère du *Spirifer Verneuili* que par des détails d'organisation interne et particulièrement par les plaques dentaires.

La valve qui porte le sinus, appellée souvent *valve dorsale*, sera désignée sous le nom de *grande valve*, parce qu'elle est plus grande et souvent plus gibbeuse que l'autre. Elle présente au sommet du sinus une partie profonde et retrécie, que l'on nomme *crochet*, parce qu'elle est fréquemment recourbée vers l'autre valve.

La *valve ventrale* ou *petite valve* est plus ou moins gibbeuse, quelquefois operculiforme. Le sommet du bourrelet, ne possède qu'un crochet très faible.

L'articulation des deux valves se fait suivant une ligne droite. Entre cette ligne cardinale et les crochets s'étend dans les deux valves une surface plane ou légèrement courbe désignée sous le nom d'*aréa*. L'aréa de la grande valve est large, de forme variable, souvent ornée de lignes horizontales croisées par des lignes verticales; en son milieu se trouve un trou de forme triangulaire, qui a sa base sur la ligne cardinale et son sommet au crochet; on le nomme *ouverture deltoidienne*. Il livre passage au muscle d'attache; mais il se ferme avec l'âge par une plaque calcaire unique, le *deltidium*, qui croît du sommet vers la base et retrécit peu à peu l'ouverture.

L'aréa de la petite valve est très étroit, presque linéaire; sa surface est perpendiculaire à l'aréa de la grande valve.

Les ornements de la coquille sont variables chez les Spirifères. Dans le groupe auquel appartient le *Spirifer Verneuili*, toute la coquille est couverte de fines côtes rayonnantes, qui partent des crochets ou de la charnière et se dirigent vers les bords de la coquille. Les côtes du bourrelet et du sinus sont plus fines que celles des ailes et bifurquées. Celles des ailes, sont au contraire toujours simples. C'est là le caractère le plus important et le plus spécial de l'espèce désignée sous le nom de *Spirifer Verneuili*.

Les autres caractères sont très variables; pour pouvoir les estimer et apprécier leur valeur, il y a lieu de les comparer dans un certain nombre de formes individuelles.

Pour cela il faut mesurer les dimensions de la coquille et rapporter toutes ces mesures à l'une d'elles prise comme unité. L'unité qui m'a paru la plus commode, la plus facile à obtenir, c'est la longueur de la petite valve prise depuis le crochet jusqu'au bord palléal, dit aussi *front*.

Cette définition de la longueur diffère de celle qui est généralement adoptée. La plupart des paléontologistes, à la suite de de Buch, désignent comme longueur du Spirifère la distance entre le crochet ou le col du crochet et le front; mais, avec cette définition, la longueur se compose de trois éléments qui peuvent varier d'une manière indépendante : la dimension d'arrière en avant, qui est la véritable longueur, le bombement de la grande valve, l'ouverture de l'aréa.

La largeur de la coquille correspond à la distance qui sépare les extrémités des deux ailes. C'est un élément de premier ordre, mais qu'il est souvent difficile de déterminer. Fréquemment les ailes se terminent en pointes ou même en éperons; dans le premier cas, elles sont souvent cassées; dans le second, elles le sont presque toujours. Quand les ailes sont cassées, on n'a pas d'autre ressource que de les apprécier par comparaison; quant aux pointes ou éperons, il y a lieu de les négliger en toutes circonstances, car elles n'influent pas sur l'aspect général de la coquille.

Le rapport de la largeur de la coquille à la longueur de la petite valve, varie dans les Spirifères que j'ai étudiés de 4 à 1,40. Il m'a servi à établir six groupes.

1° *Cylindrici* : le rapport de la largeur à la longueur est supérieur à 3 ;

2° *Attenuati* : le rapport de la largeur à la longueur, varie de 3 à 2,50.

3° *Elongati* : le rapport de la largeur à la longueur est intermédiaire entre 2,50 et 2.

4° *Hemicycli* : le rapport de la largeur à la longueur, varie de 2 à 1,60.

5° *Proquadrati* : le rapport de la longueur à la largeur est inférieur à 1,60.

6° *Obovati* : le rapport de la longueur à la largeur est inférieur à 1,70 et la plus grande largeur est en dessous de la charnière.

Ces divisions sont beaucoup plus des groupes de formes, que des variétés dans le sens que l'on attache en général à ce mot, car un même individu passe avec l'âge d'un groupe dans l'autre.

Lorsque le Spirifère est jeune, il est de forme obovale; ce sont les ailes qui croissent ensuite le plus rapidement, augmentant la largeur de la coquille; plus tard, la croissance se produit principalement en longueur, le front s'élargit, les ailes s'arrondissent. Tel individu, qui appartenait au groupe des *elongati*, passe dans celui des *hemicycli*, puis dans celui des *obovati*. Il arrive même que les éperons se trouvent englobés dans la coquille.

La hauteur ou épaisseur des Spirifères est un élément excessivement difficile à apprécier. On le conçoit facilement; mais sa mesure dépend de la position que l'on donne à la coquille. Pour pouvoir comparer toutes ces formes, il est nécessaire que la position soit toujours la même.

Un Spirifère doit être posé sur la grande valve de telle manière que la ligne cardinale et la suture palléale soient dans un même plan horizontal. La hauteur se mesure alors dans un plan perpendiculaire à la fois à ce plan horizontal et à la largeur. Le moindre dérangement dans la position de la coquille augmente ou diminue la hauteur. Lorsque la suture palléale est sinueuse, il faut faire passer le plan horizontal par la ligne cardinale et par la base du bourrelet.

Dans le cas où l'aréa est très ouvert et le crochet très renversé, le Spirifère se trouve posé sur l'extrémité du crochet.

La disposition du plan horizontal sert aussi à établir le profil de la coquille. On voit que dans les variétés à large aréa le crochet de la grande valve se prolonge en cornet, tandis que la petite valve devient operculiforme.

C'est aussi à l'idée du plan horizontal qu'il faut avoir recours pour dessiner les figures des Spirifères. On doit dessiner la *face* (côté de la petite valve) et le *dos* (côté de la grande valve), en les regardant perpendiculairement au plan horizontal. Cette disposition a le grave inconvénient de

2

cacher en partie ou même en totalité l'aréa et le crochet dans une vue de face ; mais il vaut encore mieux cela, que de tomber dans un arbitraire, qui se modifierait individuellement avec l'aspect extérieur.

Le rapport de la hauteur à la longueur n'a pas grande importance. Il n'en est pas de même des deux éléments qui constituent la hauteur, c'est-à-dire de la hauteur relative des deux valves. C'est généralement la grande valve, qui est la plus haute, mais dans quelques formes excentriques, c'est la petite valve. Le rapport de ces deux valves est un caractère important, permettant d'apprécier l'aspect de la coquille.

La forme et la dimension de l'aréa de la grande valve constituent aussi des caractères de premier ordre, sur lesquels ont beaucoup insisté les premiers paléontologistes; mais cet élément a diminué d'importance, quand on a reconnu que l'aréa se modifie avec l'âge. Après avoir été, dans la jeunesse, une surface courbe de forme triangulaire, il peut devenir une sorte de canal à bords parallèles par suite de l'extension des ailes et de la courbure en avant du crochet, ou un triangle plan presque équilatéral par le raccourcissement des ailes et le redressement du crochet en arrière.

On peut apprécier ces diverses formes de l'aréa par le rapport de la hauteur de l'aréa à la longueur de la coquille, ou mieux encore par le rapport de cette même hauteur à la largeur, car ce dernier rapport est celui de la hauteur du triangle aréal à sa base.

Pour mesurer la hauteur de l'aréa, on a pris la distance qui sépare les deux crochets. L'appréciation n'est pas tout à fait exacte, car, lorsque le crochet de la grande valve est fortement recourbé, il est clair que la largeur de l'aréa est plus grande que la distance des crochets ; mais la différence faible.

La forme de la ligne palléale, est également importante, parce qu'elle dépend de la hauteur du bourrelet et de la profondeur du sinus. On désigne sous le nom de *languette* la partie de la grande valve, qui est à l'extrémité du sinus et qui pénètre dans une échancrure de la petite valve pour joindre l'extrémité du bourrelet. Sa forme est variable, courbe, demi-circulaire, trapézoïde ou triangulaire.

Quand le bourrelet est élevé, la languette est elle-même très haute. Pour apprécier ce caractère il faut indiquer deux rapports : celui de la hauteur de la languette à sa largeur et afin de pouvoir comparer des coquilles de taille différente, celui de cette même hauteur à la longueur de la coquille.

Les côtes ou plis varient en largeur et en nombre. Les premiers paléontologistes les comptaient avec soin, mais il est bien évident que leur nombre est très variable. A mesure que les ailes s'allongent, le nombre des côtes augmente et en même temps les dernières côtes formées à l'extrémité des ailes sont si fines qu'on ne peut pas les apprécier. Il est préférable pour juger du nombre relatif des côtes de compter combien il y en a sur un centimètre à partir du bourrelet, et afin de rendre tous les éléments comparables, de prendre ce centimètre à deux centimètres du crochet et perpendiculairement à la direction des côtes.

Les côtes sont en général lisses ; quand on a cru les voir couvertes de fines stries longitudinales, on a pris pour un caractère normal un accident d'altération.

Dans quelques cas, les lamelles d'accroissement se relèvent sur les côtes sous forme de cornets, presque d'épines, comme dans certaines variétés d'*Atrypa reticularis*. Ce caractère n'existe que dans les formes très allongées des groupes *elongati*, *cylindrici* et *attenuati;* il n'est pas assez constant pour servir à caractériser une espèce ou même une variété.

III. — Spirifer Verneuili des Schistes de Barvaux

Je commence cette description des variations du *Spirifer Verneuili*, par celles que l'on trouve dans les schistes de Barvaux, du Frasnien supérieur, parce qu'elles sont nombreuses, de grande taille, parfaitement conservées et comme elles coexistent ensemble ou du moins dans des couches de la même assise, on est moins disposé à en faire des espèces distinctes.

Afin d'en bien montrer la liaison, je commence par les variétés moyennes, celles qui répondent le mieux à l'idée que l'on se fait du *Spirifer Verneuili*.

1° Groupe des elongati.

Les Spirifères de ce groupe sont caractérisés, parce que le rapport de la largeur à la longueur, est intermédiaire entre 2,50 et 2. Ce sont des formes à ailes très étendues, terminées en pointes ou tronquées, quelquefois légèrement mucronées. Sur quelques coquilles, les lignes d'accroissement indiquent qu'à un âge moins avancé le rapport avait une valeur plus grande, c'est-à-dire que l'individu appartient au groupe suivant.

Caractères zoométriques (1) *des* **Spirifer Verneuili** *des Schistes de Barvaux*

Groupe des **elongati**

NUMÉROS*	LOCALITÉS	Lg	Lr	Lr/Lg = α	H	H/Lg = β	V	v	V/v = γ	ar	ar/Lg = δ	ar/Lr = ζ	S	S/Lg = σ	Z	S/Z = ρ	C
374	Barvaux	33	82	2 48	32	0.96	20	12	1.66	4	0.12	0,04	12	0.36	21	0.57	8
375	Barvaux	29	72	2.48	27	0.93	14	13	1.07	4	0.13	0.05	12	0 41	19	0.63	9
id.	Barvaux (jeune)	25	70	2.80													
205	Barvaux	25	60	2.40	22	0.88	11	11	1,00	4	0.16	0,06	7	0,28	16	0,44	10
2	Barvaux.........	35	82	2,34	35	1.00	18	17	1.05	1.1	0.03	0,01	14	0.40	27	0,51	9
204	Barvaux	34	78	2.29	32	0.94	15	17	0.88	0.5	0.01	0.00	12	0.35	22	0.54	10
id.	» (jeune)	30	78	2.60													
id.	» (pl.jeune)	25	78	3.12													
220	Barvaux........	30	68	2,26	25	0.83	13	12	1,08	3.0	0.10	0.04	6	0,20	18	0,33	12
id.	» (jeune)	24	68	2.83													
7	Barvaux........	36	78	2.16	32	0,88	19	13	1.46	1.7	0.05	0.02	13	0.36	22	0.50	9
1	Barvaux........	38	83	2,15	35	0.94	18	17	1.05	1.1	0.03	0.01	12	0.31	26	0.46	9
3	Barvaux........	38	82	2,15	34	0,80	23	11	2.09	11	0.20	0.14	10	0.26	25	0,40	8
376	Barvaux........	30	63	2.10	33	1.10	17	16	1.06	2	0.06	0.03	17	0.56	15	1,13	9
59	Barvaux........	40	82	2.05	34	0.85	25	9	2.77	1	0.02	0.01	18	0.45	22	0.82	9
	» (jeune)	20	82	2.82													
	» (pl jeune)	19	68	3.05													
377	Barvaux........	35	71	2.02	31	0.88	17	14	1,21	1.5	0.04	0.02	10	0.28	20	0.50	10
	Moyennes			2.45		0.92			1.36		0,08	0.03		0.35		0,57	

* Ces numéros sont de simples numéros matricules ; ils n'ont pour but que de désigner l'échantillon. Ceux qui sont inférieurs à 100 correspondent aux figures des planches.

(1) Lg signifie longueur de la petite valve.
Lr — largeur ou distance entre les deux extrémités des ailes, éperons non compris.
H — hauteur totale.
V — hauteur de la grande valve.
v — hauteur de la petite valve.
ar — aréa, ou distance des deux crochets.
S — hauteur de la languette.
Z — largeur de la languette.
C — nombre de côtes sur une largeur d'un centimètre, à deux centimètres du crochet, compté sur la petite valve.

Dans ce tableau comme dans les suivants les formes sont classées suivant les valeurs décroissantes de α.

On pourrait les classer suivant les valeurs croissantes de ζ c'est-à-dire suivant l'ouverture de l'aréa. On aurait alors la série suivante :

204 — ζ = 0,006	377 — ζ = 0,02	374 — ζ = 0,04
1 — ζ = 0,01	7 — ζ = 0,02	375 — ζ = 0,05
2 — ζ = 0,01	376 — ζ = 0,03	205 — ζ = 0,06
378 — ζ = 0,01	220 — ζ = 0,04	3 — ζ = 0,14

On voit que tous ces Spirifères ont les aréas fermés, sauf le nº 3.

Nº 1 (Planche I). C'est le type moyen des Spirifères de Barvaux et l'un des moins larges de la section des *elongati*.

Le bec est recourbé sur l'aréa; celui-ci est étroit (ζ = 0,01), à bords presque parallèles. Le bourrelet est haut, applati au centre; le bord supérieur de la languette décrit une courbe régulière. Les ailes, assez allongées, sont brisées à leurs extrémités; mais on peut juger que celle de gauche était tronquée, tandis que celle de droite, un peu rétrécie, se terminait en pointe.

Nº 2 (Planche I). Forme très voisine de la précédente, le bourrelet est un peu plus élevé. Les ailes sont tronquées à leurs deux extrémités. Elles présentent de gros plis irréguliers, développés particulièrement sur la petite valve. Ces plis, ajoutés à la multiplicité des lames d'accroissement sur le bord de la valve, indiquent probablement un individu âgé et maladif.

Nº 7 (Planche II). Coquille encore très voisine du nº 1, remarquable parce qu'elle est couverte de Discines. Les côtes semblent passer sur les Discines, mais en observant avec attention, on voit que les lamelles concentriques des Discines, couvrent les côtes en suivant leurs ondulations; l'animal mou de la Discine s'est donc moulé sur son substratum.

Nº 3 (Planche I). Coquille à aréa beaucoup plus ouvert que dans les précédentes, de forme triangulaire. Il en résulte que la grande valve est plus haute que la petite valve (γ = 2.09). Côtes à arêtes tranchantes.

α = Lr/Lg	signifie	rapport	de la largeur à la longueur.
β = H/Lg	—	—	de la hauteur totale à la longueur.
γ = V/v	—	—	de la hauteur des deux valves.
δ = ar/Lg	—	—	de l'aréa à la longueur de la petite valve.
ζ = ar/Lr	—	—	de l'aréa à largeur de la coquille.
σ = S/Lg	—	—	de la hauteur de la languette à la longueur de la petite valve.
ρ = S/Z	—	—	de la hauteur à la largeur de la languette.

N° 205. Coquille de plus petite taille et probablement plus jeune. Les ailes sont plus étendues encore que dans les précédentes ; le rapport α égale 2.40. Les côtes sont très légèrement écailleuses.

N° 204. Coquille à aréa très étroit ($\zeta = 0{,}006$). Les stries d'accroissement montrent qu'elle a passé par des stades, où α égale 3.12, puis 2.60, pour arriver à 2.29. Les ailes qui sont presque tronquées étaient terminées alors par des pointes effilées.

N° 59 (Planche VI). Coquilles très voisines du n° 7, également couvertes de Discines ; on n'y voit pas de gros plis, mais les lignes d'accroissement indiquent la forme de la coquille à plusieurs âges. Il y a eu une époque, où la largeur étant la même, la longueur était moindre, ce qui plaçait le Spirifère dans le groupe des *attenuati ;* à un âge plus jeune encore, il appartenait par ses dimensions au groupe des *cylindrici*, mais sa forme générale l'en éloignait, car les ailes étaient échancrées et se terminaient par de longues pointes, qui se trouvent comprises maintenant dans le bord cardinal.

N° 374. Forme adulte, à coquille épaisse, qui se rapproche beaucoup par ses dimensions du groupe des *attenuati*. Comme la plupart des variétés de ce groupe, elle présente des côtes écailleuses.

N° 375. Coquille un peu plus petite, de même dimension relative et cependant ses côtes ne sont pas écailleuses ; peut-être est-elle plus jeune.

N°s 220, 376, 377 ne présentent pas d'intérêt spécial.

2° Groupe des attenuati

Les Spirifères de ce groupe ont les ailes très étendues, terminées en pointes ; le rapport α de la largeur à la longueur est intermédiaire entre 3 et 2,50. Ce rapport était en général plus élevé à un âge moins avancé ; quelques variétés appartenaient, lorsqu'elles étaient plus jeunes, au groupe des *cylindrici*.

Dans ce groupe, les côtes des ailes sont en général crénelées de petits tubercules, qui correspondent à des saillies des lames d'accroissement.

Caractères zoométriques des Spirifer Verneuili *des Schistes de Barvaux*

Groupe des attenuati

NUMÉROS	LOCALITÉS	Lg	Lr	Lr/Lg $= \alpha$	H	H/Lg $= \beta$	V	v	V/v $= \gamma$	ar	ar/Lg $= \delta$	ar/Lr $= \zeta$	S	S/Lg $= \sigma$	Z	S/Z $= \rho$	C
9	Barvaux........	35	105	3	28	0.80	12	16	0.75	2	0.06	0.02	12	0.34	23	0.52	9
6	Barvaux........	27	80	2.97	26	0.96	13	13	1.00	3	0.11	0.03	11	0.40	20	0.55	8
201	Barvaux........	36	107	2.97	36	1.00	18	18	1.00	4	0.11	0.04	14	0.38	23	0.63	8
370	Barvaux........	23	66	2.86	23	1.00	11	12	0.91	2.5	0.10	0.03	12	0.52	17	0.70	9
371	Barvaux.... ...	29	79	2.72	30	1.03	17	13	1.30	3	0.10	0.03	15	0.51	20	0.75	9
218	Barvaux........	31	83	2.68	28	0.90	16	12	1.33	2.5	0.08	0.03	11	0.35	18	0.61	9
19	Barvaux........	30	80	2.66	34	1.13	18	16	1.12	2.5	0.08	0.03	13	0.43	21	0.61	9
id.	» (jeune)	27	80	2.96													
id.	» (pl. jeune)	21	72	3.43													
id.	» (pl. jeune)	18	48	3.60													
215	Barvaux........	25	66	2.64	24	0.96	12	12	1.00	4.4	0.17	0.06	9	0.36	15	0.60	9
id	» (jeune)	21	66	3.14													
8	Barvaux........	33	85	2.57	31	0.94	15	16	0.93	7	0.21	0.08	12	0.35	22	0.54	7
372	Barvaux........	31	78	2.51	30	0.96	15	15	1.00	3	0.09	0.03	14	0.45	22	0.63	9
373	Barvaux........	30	75	2.50	38	1.27	24	14	1.76	4	0.13	0.05	11	0.36	22	0.50	
	Moyennes			2.73		1.02			1.10		0.09	0.04		0.40		0.60	

Dans tout le groupe des *attenuati* de Barvaux, l'aréa est étroit, à bords parallèles, à crochet recourbé. Les formes précitées se classent en progression croissante de l'aréa de la manière suivante :

N° 9 — $\zeta = 0{,}02$	N° 370 — $\zeta = 0{,}03$	N° 215 — $\zeta = 0{,}06$
» 203 — $\zeta = 0{,}03$	» 371 — $\zeta = 0{,}03$	» 8 — $\zeta = 0{,}08$
» 218 — $\zeta = 0{,}03$	» 6 — $\zeta = 0{,}03$	
» 172 — $\zeta = 0{,}03$	» 201 — $\zeta = 0{,}04$	

N° 9 (Planche II). Coquille de grande taille ; ailes fort étendues, onduleuses, terminées en pointes, couvertes de côtes rugueuses, mais non écailleuses. L'aréa est étroit, à bords parallèles ; le bord de la languette régulièrement courbe.

N° 201. Coquille plus robuste que la précédente, à bourrelet plus haut, à languette presque trapézoïde. Les côtes sont étroites, un peu moins nombreuses, séparées par de larges intervalles. La coquille est couverte de Spirorbes et percée de trous, qui paraissent dus à des éponges perforantes analogues aux Cliona actuelles.

N° 19 (Planche IV). Coquille de taille moindre que les deux précédentes et dont les ailes sont moins pointues. L'aréa est très étroit. Les lignes d'accroissement montrent une série d'âges plus jeunes, où la valeur du rapport était plus élevé. Les ailes se terminaient dans ces premiers âges par des pointes qui sont actuellement englobées dans le bord cardinal.

N° 6 (Planche II). Coquille encore plus petite à ailes pointues (celle de gauche est cassée). Les côtes portent de petits tubercules dus aux lamelles d'accroissement, qui se relèvent en forme de tuiles.

N° 218. Coquille de taille moyenne, dont les côtes présentent une foule de petites écailles saillantes plus nombreuses et moins espacées que chez la précédente.

N° 215. Coquille de plus petite taille, plus jeune, à aréa plus ouvert, dont les côtes sont ornées de petits tubercules écailleux comme dans le n° 6.

N° 8 (Planche II). Coquille moyenne, à aréa ouvert, s'étendant dans le plan de la jonction des valves, à ailes moins étendues, se rapprochant par conséquent du groupe des *elongati*. Les côtes larges et déprimées portent des tubercules écailleux.

N° 370. Coquille présentant une forme que l'on retrouve fréquemment dans le groupe suivant : l'aile gauche est tronquée, arrondie ; l'aile droite se termine encore en une pointe mousse. Les côtes sont couvertes de tubercules écailleux.

3° Groupe des cylindrici

Ces variétés ont les ailes très étendues, de sorte que le rapport de la largeur de la coquille à sa longueur est toujours supérieur à 3 et s'élève même jusqu'à 4.

Généralement ces ailes sont arrondies à l'extrémité, mais ce n'est pas une règle générale ; dans quelques formes, elles se terminent en pointes.

L'aréa est généralement peu élevé et à bords parallèles. Le rapport de son ouverture à la longueur ne dépasse pas 12.

Les côtes sont de grosseur moyenne, couvertes presque toujours de petits tubercules, qui ne sont pas autre chose que les lames d'accroissement qui se soulèvent comme les tuiles courbes.

Caractères zoométriques des Spirifer Verneuili *des Schistes de Barvaux*

Groupe des cylindrici

NUMÉROS	LOCALITÉS	Lg	Lr	Lr/Lg = α	H	H/Lg = β	V	v	V/v = γ	ar	ar/Lg = δ	ar/Lr = ζ	S	S/Lg = σ	Z	S/Z = φ	C
5	Barvaux	24	100	4.16	27	1.13	13	14	0.92	1.7	0.07	0.01	10	0.42	23	0.43	8
211	Barvaux	24	84	3.58	22	0.91	11	11	1.00	1.5	0.06	0.02	8	0.33	16	0.50	9
214	Barvaux	24	84	3.58	22	0.91	11	11	1.00	3	0.12	0.04	8	0,33	17	0.47	8
4	Barvaux	21	73	3.48	21	1.00	12	9	1.33	2	0.09	0.02	7.5	0.36	14	0.53	8
216	Barvaux	20	66	3.31	18	0.90	8	10	0.80	2	0,10	0.03	8	0.40	14	0.57	9
249	Barvaux	31	99	3.20	28	0.90	13	15	0.86	3	0.10	0.03	12	0.38	20	0.60	9
id.	» (jeune)	23	97	4.21													
212	Barvaux	24	74	3.16	25	1.04	11	14	0.78	2	0.08	0.02	7	0.29	14	0.50	10
»	*Moyennes*			3.49		0.97			0.95		0.08	0.02		0.30		0.45	

Toutes les formes du groupe des *cylindrici* ont un aréa étroit à bords parallèles. Elles sont ordonnées par rapport à ζ de la manière suivante :

N° 5 — ζ = 0,01
» 211 — ζ = 0,02
» 212 — ζ = 0,02

N° 4 — ζ = 0,02
» 216 — ζ = 0,03
» 249 — ζ = 0,03

N° 214 — ζ = 0,04

N° 4 (Planche II). Cette variété peut être considérée comme le type des *cylindrici*. Le bec est à peine marqué, l'aréa étroit à bords parallèles, le bourrelet de taille moyenne, la languette régulière, les ailes très étendues relativement à la longueur (α = 3.48). Les côtes, nombreuses en raison de la grandeur des ailes, sont au nombre de 8 sur un centimètre à deux centimètres du crochet : elles portent de petits tubercules écailleux analogues à ceux de la figure 211. Des lames d'accroissement assez obscures montrent que dans sa jeunesse ce Spirifère avait des ailes aiguës.

N° 211. Coquille ayant les mêmes caractères; c'est à elle qu'a été prise l'image des côtes (Pl. II, f. 211).

N° 212. Coquille épaisse, vieille, à ailes un peu moins étendues ; le rapport α tombe à 3,08, mais elle est encore très caractérisée par la terminaison arrondie des ailes, mieux marquées même que dans les précédentes. La petite valve est plus haute que la grande.

N° 214. Cette coquille possède un aréa un peu plus ouvert ; elle se distingue surtout des précédentes parce que ses ailes, actuellement brisées, devaient se terminer en pointes.

N° 249. Cette coquille très épaisse provient d'un individu âgé ; les extrémités des ailes sont arrondies et les tubercules écailleux des côtes ne sont plus visibles. Les lignes d'accroissement qu'on voit sur cette coquille montrent qu'elle a passée par une phase, où les ailes étaient terminées en pointes ; α était alors égal à 4.21.

N° 5 (Planche II). Coquille très allongée, dont les ailes, malheureusement cassées aux deux extrémités, devaient se terminer en pointes. Sa largeur était au moins d'un décimètre, ce qui donne $\alpha = 4{,}16$; le crochet est à peine saillant, l'aréa linéaire. Les deux valves ont subi dans la région du crochet un applatissement trop régulier pour être dû à la fossilisation.

N° 216. Coquille de plus petite taille, à ailes pointues, cassées aux extrémités, aréa un peu ouvert.

4° Groupe des hemicycli

Les Spirifères du groupe des *hemicycli* se distinguent par leur forme demi-circulaire, la largeur se rapprochant de la longueur, de sorte que le rapport α est compris entre 2 et 1.60. Comme dans les groupes précédents, la plus grande largeur de la coquille est à la charnière. Les ailes sont tronquées ; elles se terminent quelquefois par un éperon, que l'on ne doit pas faire rentrer dans l'estimation de la largeur de la coquille. Les côtes ne portent pas les écailles saillantes, si communes dans les groupes des *attenuati* et des *cylindrici*.

Caractères zoométriques des Spirifer Verneuili *des Schistes de Barvaux*

Groupe des hemicycli

Numéros	Localités	Lg	Lr	Lr/Lg $= \alpha$	H	H/Lg $= \beta$	V	v	V/v $= \gamma$	ar	ar/Lg $= \delta$	ar/Lr $= \zeta$	S	S/Lg $= \sigma$	Z	S/Z $= \varphi$	C
13	Barvaux........	32	60	1.88	33	1.03	16	17	0.94	1	0,03	0.01	11	0.34	22	0.50	8
id.	» (jeune).	21	53	2.52													8
11	Barvaux........	35	65	1.85	38	1.08	17	21	0.80	3.5	0.10	0.05	17	0.48	23	0.73	8
14	Barvaux........	28	50	1.79	33	1.17	16	17	0.94	8	0,28	0.16	17	0.60	20	0.85	9
224	Barvaux........	34	55	1.62	35	1.02	17	18	0.94	6	0.17	0.10	16	0.47	20	0.80	9
id.	» (jeune).	25	44	1.76													
223	Barvaux........	30	48	1.60	35	1.16	22	13	1.69	1.4	0,04	0.02	13	0.43	20	0.65	7
id.	» (jeune).	23	45	1.95													
»	*Moyennes*			1.86		1.09	»		1.06		0.12	0.06		0.46		0.40	

Les Spirifères de ce groupe, classés d'après l'ouverture de l'aréa, montrent la série suivante :

N° 13 — ζ = 0,01	N° 11 — ζ = 0,05	N° 14 — ζ = 0,16
» 223 — ζ = 0,02	» 224 — ζ = 0,10	

N° 13 (Planche III). Cette coquille peut être considérée comme le type des *hemicycli*. Le crochet est recourbé sur l'aréa, qui est linéaire et à bords parallèles. Le bourrelet est caréné, la languette presque triangulaire. Les côtes sont larges et lisses; celles du sinus sont inégalement distantes et presque toutes groupées deux à deux.

Une lamelle d'accroissement (omise dans la figure) indique qu'à une certaine époque l'animal appartenait au groupe des *elongati*.

N° 223. Cette coquille se distingue de la précédente par ses ailes moins étendues, par sa grande valve très creuse (sa hauteur est supérieure à celle de la petite valve) et par son crochet qui est plus courbé; les côtes sont plus grosses. Des lignes d'accroissement montrent qu'à une certaine époque le rapport de la largeur à la longueur, α, était 1,95 au lieu de 1,60.

N° 14 (Planche III). Variété à crochet très ouvert (δ = 0,28), à aréa triangulaire. Les ailes sont tronquées (légèrement cassées à leurs extrémités); la languette est élevée; les côtes sont largement espacées.

N° 224. Coquille à crochet également ouvert et à aréa triangulaire. Les côtes sont assez grosses. D'après les lames d'accroissement, α était, à une certaine époque, égal à 1,76 au lieu de 1,62.

N° 11 (Planche III). Coquille remarquable, parce qu'une de ses ailes est mucronée; l'autre l'était peut-être aussi, mais elle est cassée. Sa largeur a été calculée sans tenir compte de l'éperon.

5° Groupe des obovati

Les variétés de ce groupe diffèrent des précédentes par leur forme obovale, la plus grande largeur étant au-dessous de l'aréa. Le rapport de la largeur à la longueur est inférieur à 2 et même à 1,70. Les ailes sont arrondies, couvertes de côtes, qui décrivent une certaine courbe vers l'extérieur. Ces côtes sont plutôt grosses que fines.

Dans tous les échantillons observés, les lignes d'accroissement sont trop peu nettes pour juger des dimensions de la coquille à un âge antérieur.

Caractères zoométriques des **Spirifer Verneuili** *des Schistes de Barvaux*

Groupe des **obovati**

NUMÉROS	LOCALITÉS	Lg	Lr	Lr/Lg $= \alpha$	H	H/Lg $= \beta$	V	v	V/v $= \gamma$	ar	ar/Lg $= \delta$	ar/Lr $= \zeta$	S	S/Lg $= \sigma$	Z	S/Z $= \varphi$	C
10	Barvaux........	40	68	1.70	36	0.90	18	18	1	6	0.15	0.08	12	0.30	22	0.54	7
12	Barvaux........	40	64	1.60	45	1.12	24	11	2.18	7	0.17	0.10	21	0.52	30	0.70	7
210	Barvaux........	36	57	1.59	39	1.08	20	19	1.05	11	0.31	0.19	21	0.58	25	0.84	9
226	Barvaux........	32	47	1.47	30	0.93	17	13	1.30	9	0.28	0.19	10	0.31	20	0.50	8
	Moyennes.......			1.58		1.00			1.38		0.22	0.14		0.43		0.64	

Dans le groupe des *obovati*, l'aréa est toujours ouvert, large, triangulaire, bien que le crochet soit quelquefois assez recourbé pour que la distance des deux crochets n'indique nullement la largeur réelle de l'aréa.

Les quatre formes précitées sont ordonnées, suivant ζ, de la manière suivante :

N° 10 — $\zeta = 0{,}08$ N° 226 — $\zeta = 0{,}19$ N° 210 — $\zeta = 0{,}10$
» 12 — $\zeta = 0{,}10$

N° 10 (Planches II et IV). Cette forme constitue un bon type du groupe. Le crochet est courbé, couvrant un peu l'aréa, qui est large et triangulaire ; la petite valve porte un aréa étroit qui s'élève d'un millimètre sur l'aréa de la grande valve. Le bourrelet est faible et le sinus peu profond. Dans le sinus, on voit assez nettement des côtes inégales, qui naissent moins par bifurcation que par formation d'une petite côte sur le côté d'une autre : il en résulte que les intervalles qui séparent les côtes sont inégaux, comme les côtes elles-mêmes.

Les ailes sont inégales : celle de gauche est arrondie ; celle de droite est tronquée, légèrement allongée et en outre un peu cassée. Les côtes sont grosses et espacées.

N° 12 (Planche III). Coquille qui ressemble à la précédente. Crochet moins courbé, aréa plus ouvert ($\delta = 0{,}28$) et plus triangulaire. La petite valve porte aussi un aréa très manifeste. Le bourrelet est plus élevé et le sinus plus profond que dans la variété précédente. Les côtes du sinus sont beaucoup plus fines, tandis que celles des ailes sont très grosses, arrondies et presque contiguës. Les ailes sont égales : celle de gauche est arrondie, celle de droite tronquée.

N° 226. Coquille de plus petite taille et à aréa plus ouvert encore ($\delta = 0{,}31$) Le crochet est droit presque rejeté en arrière. L'aile gauche est arrondie, la droite est tronquée.

N° 210. Cette coquille, un peu plus petite que le n° 12, lui ressemble beaucoup, mais ses deux ailes sont arrondies et ses côtes sont un peu plus fines.

IV. — Spirifer Verneuili de diverses localités

1° Groupe des attenuati

Ces Spirifères ont les ailes très étendues ; le rapport de la largeur à la longueur (α) est supérieur à 2,40 ; il paraît diminuer avec l'âge. Les ailes sont pointues et presque toujours cassées. Le bourrelet est moyen, quelquefois faible (n° 58).

Caractères zoométriques des Spirifer Verneuili *du Groupe des* attenuati

Numéros	Localités	Lg	Lr	Lr/Lg = α	H	H/Lg = β	V	v	V/v = γ	ar	ar/Lg = δ	ar/Lr = ζ	S	S/Lg = σ	Z	S/Z = φ	C
	F = Frasnien ; *f* = Famennien.																
291	Cerfontaine *F*..	17	49	2.88	17	1.00	8	9	0.88	3	0.17	0.06	9	0.30	11	0.81	
15	Lompret *F*......	20	56	2.80	20	1.05	10	10	1.00	5	0.25	0.08	8	0.40	12	0.66	10
313	Cerfontaine *F*...	21	58	2.76	19	0.90	12	7	1.71	1.07	0.05	0.01	6	0.28	15	0.40	9
58	Senzeilles *f*....	20	51	2.55	18	0.90	8	10	0.80	6	0.30	0.11	6	0.30	13	0.46	8
310	Ferques *F*......	16	40	2.50	15	0 96	9	6	1.50	5	0.31	0.12	5	0.31	9	0.55	
260	Ferques *F*......	21	52	2.47	20	0.95	10	10	1.00	6	0.28	0.11	7	0.52	13	0.53	10
386	Philippeville *f*..	18	44	2.44	20	1.11	10	10	1.00	4	0.22	0.09	5	0.27	12	0.41	
16	Hardinghem *F*..	24	58	2.42	29	1.20	1			14	0.58	0.24	10	0.41	18	0.55	9
	Moyennes			2.61		1.01			1.16		0.26	0.10		0.36		0.56	

Dans presque tous les Spirifères de ce groupe, l'aréa est étroit, un peu moindre peut-être que chez les *attenuati* des Schistes de Barvaux. Cependant il atteint une largeur exceptionnelle dans la forme n° 16. Sous le rapport de la valeur de ζ, ils peuvent être ordonnés de la manière suivante :

N° 313 — ζ = 0,01	N° 386 — ζ = 0,09	N° 310 — ζ = 0,12
» 291 — ζ = 0,06	» 260 — ζ = 0,11	» 16 — ζ = 0,24
» 15 — ζ = 0,08	» 58 — ζ = 0,11	

La plupart de ces Spirifères peuvent être considérés comme des formes jeunes encore, destinées à passer dans le groupe suivant. Chez presque tous, les lignes d'accroissement successives sont parallèles aux bords de la coquille.

Nº 15 (Planche III). Bien que les ailes de l'échantillon soient cassées et qu'on ne puisse pas en apprécier facilement la largeur, il forme néanmoins un bon type du groupe. L'extrémité de l'aile droite qui est en partie conservée, pourrait être considérée comme un éperon.

Le crochet de la grande valve est peu développé, presque droit; à la petite valve il y a un aréa perpendiculaire à l'aréa de la grande valve et le dépassant d'un millimètre. La languette forme une courbe régulière assez élevée ($\zeta = 0,66$).

Lompret (Belgique). — Frasnien.

Nº 58 (Planche VI). Coquille plus entière avec aréa, un peu plus large et à bourrelet plus faible ($\zeta = 0,46$); les côtes sont un peu plus grosses. Les traces d'accroissement sont parallèles aux bords actuels.

Senzeilles (Belgique). — Famennien; ass. *à Rh. Omaliusi.*

Nº 16 (Planche III). Coquille très mal conservée; les pointes sont cassées, l'aréa et le crochet de la petite valve sont détruits; mais elle est remarquable par la largeur qu'elle a dû atteindre et par la hauteur de l'aréa de la grande valve ($\delta = 0,58$, $\zeta = 0,24$).

Ferques. — Frasnien; schistes de Beaulieu.

Nº 313. Coquille à ailes très étendues et aréa étroit ($\zeta = 0,01$); il ressemble, à la taille près, aux *attenuati* de Barvaux; bourrelet très plat.

Cerfontaine (Belgique). — Frasnien.

Nº 310. Coquille petite et probablement jeune; l'aréa est plus large encore que dans le Nº 58.

Ferques, Beaulieu (Boulonnais). — Frasnien.

Nº 291. Coquille à ailes très étendues, paraît n'être qu'un jeune âge. Les traces d'accroissement sont parallèles au bord.

Cerfontaine (Belgique). — Frasnien.

Nº 386. Coquille également assez jeune.

Philippeville (Belgique). — Famennien; schistes *à Rh. Omaliusi.*

2º Groupe des elongati

Dans ce groupe, le rapport de la largeur à la longueur oscille entre 2 et 2,40. Quelques formes acquièrent une grande taille, mais la plupart paraissent encore des individus jeunes.

Caractères zoométriques des Spirifer Verneuili *du Groupe des* elongati

NUMÉROS	LOCALITÉS	Lg	Lr	Lr/Lg $= \alpha$	H	H/Lg $= \beta$	V	v	V/v $= \gamma$	ar	ar/Lg $= \delta$	ar/Lr $= \zeta$	S	S/Lg $= \sigma$	Z	S/Z $= \rho$	C
387	Senzeilles *f*.....	18	39	2.38	16	0.88	9	7	1.28	5	0.27	0.15	6	0.33	11	0.54	
21	Stolberg *F*.....	16	36	2.25	15	0.94	9	6	1.50	5	0.31	0.13	4	0.25	8	0.50	
230	Aye *f*..........	32	72	2.25	26	0.81	15	11	1.36	4	0.12	0.05	10	0.31	8	1.25	10
22	Senzeilles *f*.....	18	40	2.22	19	1.05	11	8	1.37	2.8	0 15	0.07	7	0.38	12	0.58	
288	Wedechine *F*...	21	46	2.19	19	0.90	10	9	1.11	5	0.24	0.10	6	0.28	12	0.50	10
290	Cerfontaine *F*...	21	45	2.14	19	0.90	10	9	1.11	3	0.15	0.06	7	0.33	13	0.53	10
244	Henripont *F*....	18	38	2.11	17	0.94	10	7	1.42	5.7	0.32	0.15	5	0.27	11	0.45	
18	Lompret *F*......	22	46	2.10	22	1.00	10	12	0.83	0	0.00	0.00	11	0.50	12	0.91	9
276	My *F*	22	45	2.05	22	1.00	13	9	1.44	4	0.18	0.08	6	0.27	13	0.46	9
251	Stolberg *F*	24	49	2.04	20	0.83	12	8	1.50	9	0.37	0.18	4	0.16	13	0.30	7
20	Lompret *F*......	20	40	2	19	0.96	12	7	1.71	4.5	0.22	0.11	7	0.35	11	0.63	11
40	Stolberg *F*.....	19	38	2	20	1.05	15.5	6.5	2.38	10	0.53	0.28	8	0.42	11	0.72	8
285	Givet	19	38	2	16	0.84	9	7	1.28	3	0.16	0.07	3.30	0.17	12	0.27	10
274	Barvaux *F*.....	34	68	2	32	0.95	14	18	0.77	4.4	0.13	0.06	14	0.41	22	0.63	9
275	Barvaux *F*.....	26	52	2	26	1.00	14	12	1.16	10	0.38	0.19	8	0.30	19	0.42	9
23	Somme Leuze *fc*	19	38	2	22	1.15	13	9	1.44	11	0.58	0.28	6	0.31	15	0.40	
	Moyennes			2.10		0.95			1.33		0.22	0.12		0.31		0.39	

Si on ordonne ces Spirifères par rapport à la hauteur de l'aréa, c'est-à-dire par rapport à ζ, on a la série suivante :

No 18 — $\zeta = 0{,}00$	No 285 — $\zeta = 0{,}07$	No 244 — $\zeta = 0{,}15$
» 230 — $\zeta = 0{,}05$	» 276 — $\zeta = 0{,}08$	» 251 — $\zeta = 0{,}18$
» 290 — $\zeta = 0{,}06$	» 288 — $\zeta = 0{,}10$	» 275 — $\zeta = 0{,}19$
» 274 — $\zeta = 0{,}06$	» 20 — $\zeta = 0{,}11$	» 40 — $\zeta = 0{,}28$
» 22 — $\zeta = 0{,}07$	» 21 — $\zeta = 0{,}13$	» 23 — $\zeta = 0{,}28$

On constate que le passage est insensible entre des aréas complètement fermés, tels que no 18 et d'autres déjà largement ouverts, tels que ceux du no 275. Les no 22 et 23 ont des aréas beaucoup plus ouverts encore, mais il serait facile de trouver le passage aux précédents.

No 20 (Planche IV) Cette coquille de taille moyenne (Lg = 20), plutôt petite, peut être prise comme le type inférieur du groupe. — Crochet de la grande valve légèrement recourbé, aréa en triangle allongé médiocrement ouvert ($\delta = 0{,}22$) ; aréa de la petite valve dépassant d'un millimètre celui de la grande. Languette formant une courbe assez forte, régulière. Forme générale sub-trapézoïde. Ailes pointues. La largeur est égale à deux fois la longueur ($\alpha = 2$).

Lompret (Belgique). — Frasnien.

N° 21. (Planche IV). Coquille de petite taille, se rapprochant de la partie supérieure du groupe par ses ailes très étendues terminées en pointes. Le rapport α est de 2.25 sans les pointes et de 2.50 avec les pointes. C'est un jeune individu. L'examen des lignes d'accroissement montre qu'à un âge plus jeune encore, la forme générale était peu différente de ce qu'elle est restée; mais les ailes se terminaient par des pointes très aiguës.

Stolberg (Prusse). — Frasnien (1).

N° 244. Coquille très voisine du n° 20, à ailes plus longues, à aréa plus large ($\delta = 0,32$), plus nettement triangulaire. Ailes terminées en pointes à ces extrémités, bourrelet moins élevé et languette déprimée.

Henripont (Belgique). — Frasnien.

N° 22 (Planche IV). Coquilles à ailes étendues ($\alpha = 2.22$), terminées en pointes, à crochet recourbé, à aréa étroit ($\delta = 0,15$), incliné sur le plan de la coquille de sorte qu'il est très visible sur la vue de face.

Senzeilles (Belgique). — Famennien; ass. à *Rh. Omaliusi.*

N° 387. Coquille à ailes très étendues ($\alpha = 2,38$), passant aux *attenuati*, aréa assez large ($\delta = 0,27$). C'est peut-être aussi un individu jeune.

Senzeilles (Belgique). — Frasnien.

N° 290. Coquille à ailes étendues, terminées en pointes, avec aréa étroit à bords parallèles. L'aréa de la petite valve, bien visible, dépasse de 1 m. celui de la grande valve.

Cerfontaine (Belgique). — Frasnien.

N° 285. Cette coquille très incomplète montre au contraire un aréa relativement étroit comme le n° 290 ($\delta = 0.11$); l'ouverture deltoidienne est fermée par un pseudo-deltidium.

Givet. — Frasnien, couches à Receptaculites (2).

N° 275. Coquille d'assez grande taille ($Lg = 26^{mm}$), à ailes presque tronquées, présente un aréa ouvert ($\delta_{,} = 0,38$).

Barvaux. — Frasnien ; Schistes à nodules (3).

---

(1) Ardenne, p. 527, et Ann. Soc. Géol. du Nord, III, p. 11.

(2) Ardenne, p. 456.

(3) Ardenne, p. 473, et Ann. Soc. Géol. du Nord, VII, p. 200.

N° 40 (Planche IV). — Cette coquille se distingue par son aréa triangulaire, très ouvert ($\delta = 0{,}53$) et par ses côtes relativement larges.

Stolberg (Prusse). — Frasnien (1).

N° 23 (Planche IV). — Coquille à ailes étendues terminées en pointes ; sa largeur est de 38 mm. en supprimant les pointes et de 41 mm. avec ces dernières ; dans le premier cas $\alpha = 2$, et dans le second cas $\alpha = 2{,}15$. L'aréa est très large ($\delta = 11$), triangulaire. Des lignes d'accroissement, bien visibles sur un côté de la coquille, montrent que celle-ci se rapprochait à une certaine époque des *attenuati*.

Somme-Leuze (Belgique). — Famennien ; schistes à *Rh. Dumonti* (2).

N° 18 (Planche III). Coquille exceptionnelle par son deltidium complètement fermé. Le bourrelet est très fort et la languette très étroite ($\sigma = 0{,}50$ et $\varphi = 0{,}91$).

Lompret (Belgique). — Frasnien.

N° 274. Coquille de grande taille (Lg = 34), à aréa relativement fermé ($\delta = 13$) et à petite valve bombée ($\gamma = 0.77$).

Barvaux (Belgique). — Frasnien, schistes à *Rh. cuboïdes* (3).

N° 230. Coquille également de grande taille (Lg = 32), mais à ailes plus étendues ; malheureusement elle est incomplète.

Aye. — Famennien (4).

N° 251. Coquille remarquable par la grosseur des côtes, qui ornent les ailes au nombre de 20 de chaque côté ; il n'y en a que 7 par centimètre, à 20 mm. du crochet de la petite valve ; son aréa est triangulaire ; le crochet presque droit. Le bourrelet, très bas ($\sigma = 0{,}16$), porte des côtes aussi grosses que celles des ailes.

Stolberg (Prusse). — Frasnien.

3° Groupe des hemicycli

Ce groupe, qui est de tous le plus nombreux, comprend les formes où le rapport de la largeur à la longueur est inférieur à 2, et supérieur à 1.60. C'est l'état vers lequel tend le *Spirifer Ver-*

(1) Ardenne, p. 527, et Ann. Soc. Géol. du Nord, III, p. 11.
(2) Ardenne, p. 590.
(3) Ardenne, p. 473, et Ann. Soc. Géol. du Nord, VII, p. 200.
(4) Ardenne, p. 587, Ann. Soc. Géol. du Nord, VII, p. 196 ; couche K.

neuili adulte, état qu'il dépasse quelquefois pour donner naissance aux groupes *proquadrati* et *obovati*. Les ailes sont tronquées, quelquefois mucronées, d'autres fois légèrement arrondies d'un côté. L'aréa très variable est tantôt presque fermé, tantôt excessivement ouvert.

Caractères zoométriques des Spirifer Verneuili *du Groupe des* hemicycli

NUMÉROS	LOCALITÉS	Lg	Lr	Lr/Lg = α	H	H/Lg = β	V	v	V/v = γ	ar	ar/Lg = δ	ar/Lr = ζ	S	S/Lg = σ	Z	S/Z = φ	C
257	Eslinghem *F* ...	23	45	1.95	23	1	9	14	0.64	4.4	0.19	0.09	10	0.43	15	0.66	9
316	Senzeilles *f*....	18	35	1.94	19	1.05	10	9	1.11	6	0.33	0.17	8	0.44	11	0.72	
384	Senzeilles *f*....	16	30	1.87	18	1 12	11	7	1.56	9	0.56	0.30	6	0.37	11	0.54	
385	Hucorgne *F*....	25	46	1.84	32	1.28	22	10	2.20	23	0.92	0.50	10	0.40	17	0.58	9
30	Sains *f*........	18	32	1.77	15	0.72	9	6	1.50	4	0.22	0.12	5	0.27	10	0.50	12
272	Rochefort *F*....	33	58	1.76	33	1	21	12	1.75	4	0 12	0.06	11	0.33	22	0.50	11
277	Renlies *F*.......	41	72	1.76	35	0.85	20	15	1.33	10	0.24	0.13					9
27	Beaulieu *F*......	23	40	1.74	22	0.95	11	9	1.22	5	0.21	0.12	8	0.34	15	0.53	9
383	Sains *f*..........	17	28	1.64	16	0.94	9	7	1.28	1.50	0.08	0.05	8	0.47	12	0.66	
id.	» (jeune)..	15	28	1.86													
315	Senzeilles *f*.....	18	32	1.73	21	1.13	10.5	10.5	1.00	11	0.59	0.34	8	0.43	14	0.57	
25	Ballâtre *F*......	15	26	1.73	15	1	9	6	1.50	4	0.26	0.15	5	0.33	10	0.50	
28	Nîmes *F*........	25	43	1.72	18	0.72	10	8	1.25	1.80	0.07	0.04	6	0.24	16	0.37	8
24	Ferques *F*......	27	46	1.70	28	1.03	14	14	1	6.50	0.25	0.14	11	0.40	19	0.57	8
26	Givet *F*.........	19	32	1.68	24	1.26	20	4	5	19	1	0.59	4	0.21	6	0.36	
235	Lompret *F*.....	19	32	1.68	18	0.94	9	9	1	4.5	0.23	0.14	7	0.36	10	0.70	9
252	Breinig, *F*......	28	46	1.65	25	0.89	16	9	1.77	9	0.32	0.19	6	0.21	15	0.40	7
300	Givet *F*.........	20	33	1.65	21	1.05	18	3	6	19	0.95	0.57	4	0.20	14	0.28	7
319	Marienbourg *f*..	22	36	1.64	21	0.95	11	8	1.37	10	0.45	0.27	4	0.18	13	0.30	
312	Ferques *F*......	27	44	1.63	31	1 14	12	19	0.63	2	0.08	0.04	12	0.44	23	0.52	9
311	Beaulieu *F*......	30	45	1.62	32	1.06	17	15	1.13	3	0.10	0.06	12	0.40	19	0.63	
	Moyennes			1.72		0.99			0.16		0.33	0.18		0.34		0.52	

Au point de vue de l'aréa, on trouve des variations très grandes, depuis les canaux presque fermés, que l'on trouve chez les *attenuati* et les *elongati*, jusqu'à des aréas à surface plane ou même convexe. On peut classer sous ce rapport les *hemicycli* en quatre catégories.

1° Aréas étroits :

No 28 — $\zeta = 0,04$
» 312 — $\zeta = 0,04$

No 383 — $\zeta = 0,05$
» 311 — $\zeta = 0,06$

No 272 — $\zeta = 0,06$

3° Aréas médiocrement ouverts :

No 257 — $\zeta = 0,09$
» 27 — $\zeta = 0,12$
» 30 — $\zeta = 0,12$

No 277 — $\zeta = 0,13$
» 238 — $\zeta = 0,14$
» 24 — $\zeta = 0,14$

No 25 — $\zeta = 0,15$
» 316 — $\zeta = 0,17$
» 252 — $\zeta = 0,19$

3° Aréas très ouverts :

No 319 — $\zeta = 0,27$

No 384 — $\zeta = 0,30$

No 315 — $\zeta = 0,34$

4° Aréas plans ou convexes :

No 385 — $\zeta = 0,50$

No 300 — $\zeta = 0,57$

No 26 — $\zeta = 0,50$

N° 24 (Planche IV). Cette coquille, qui est la forme la plus commune de Ferques, peut être considérée comme le type du groupe. Sa hauteur est une moyenne et les deux valves y participent également. Le crochet est médiocrement recourbé, l'aréa triangulaire moyennement ouvert ($\delta = 0,25$). La languette décrit une courbe assez élevée ($\sigma = 0,41$). Les ailes, moyennement étendues ($\alpha = 1,70$), forment presque le quadrant ; elles sont ornées de 22 côtes assez larges ($C = 8$).

Ferques. — Frasnien ; calcaire de Ferques.

N° 272. Coquille voisine de la précédente, mais à plus grande taille ($L = 33$) ; son aréa est un peu plus fermé ($\delta = 12$) ; l'aile droite est presqu'arrondie.

Rochefort (Belgique). – Frasnien.

N° 277. Cette coquille atteint une taille plus grande encore, puisqu'elle mesure 41 mm. en longueur et 72 en largeur. Son aréa est un peu plus ouvert.

Renlies (Belgique). — Frasnien.

N° 25 (Planche IV). Coquille de petite taille ($Lg. = 15$) et probablement de jeune âge, mais ressemblant beaucoup au n° 24 ; cependant la languette est plus circulaire. C'est une des formes commune de Rhisnes.

Ballâtre (Belgique). — Frasnien.

N° 257. Coquille à ailes plus étendues ($\alpha = 1,95$), passant presque au groupe des *elongati* ; son aréa est un peu plus fermé que dans la coquille n° 24.

Eslinghem. — Frasnien ; calcaire de Ferques.

N° 311. Coquille globuleuse, dont la hauteur égale et dépasse même la longueur ; les deux valves y contribuent à peu près de la même quantité ; cependant la grande valve est un peu plus profonde. Le crochet est un peu recourbé et l'aréa assez étroit ($\delta = 0,10$). Les ailes sont tronquées, très légèrement mucronées.

Beaulieu à Ferques. — Frasnien.

N° 312. Coquille également haute et globuleuse, mais la petite valve y est plus bombée ($\gamma = 0.63$). L'intervalle des crochets est faible et l'aréa étroit ($\delta = 0,08$). Elle se rapproche de la figure du *Spirifer Archiaci* de Murchison.

Ferques. — Frasnien.

N° 28 (Planche IV). Coquille plate, de forme trapézoïdale, à bourrelet très faible, mal limité, à aréa étroit ($\delta = 0,07$) ; ailes peu étendues, terminées par une légère pointe.

Nimes (Belgique). — Frasnien.

N° 383. Coquille plate, de forme trapézoïdale, à bourrelet bien développé, à languette forte, presqu'anguleuse, aréa étroit. Les ailes sont courtes ($\alpha = 1,64$), mais les lignes d'accroissement montrent qu'à une certaine époque, elles étaient relativement plus étendues, on avait $\alpha = 1,86$.

Sains ; tranchée de Rainsart. — Famennien ; ass. à *Rh. Letiensis* (1).

N° 238. Coquille de moyenne taille, à ailes tronquées, celles de gauche presqu'arrondie ; aréa médiocre ($\delta = 0,23$) ; les lignes d'accroissement, très visibles sur le dos, sont à peu près parallèles aux bords actuels de la coquille.

Lompret (Belgique). — Frasnien.

N° 252. Coquille à aréa évasé ($\delta = 32$), triangulaire, à bourrelet déprimé ($\sigma = 0,21$) et à côtes larges ($C = 7$).

Breinig, près Stolberg (Prusse). — Frasnien.

N° 316. Coquille à ailes étendues ($\alpha = 1,94$) terminées en pointes, à aréa assez large ($\delta = 0,33$).

Senzeilles. — Famennien ; Schistes à *Rh. Omaliusi* (2).

N° 384. Cette coquille de même taille que la précédente, a l'aréa plus ouvert encore ($\delta = 0,56$) ; ses ailes sont tronquées.

Senzeilles. — Frasnien (3).

---

(1) Ardenne, p. 546, et Ann. Soc. Géol. du Nord, VI, p. 393.
(2) Ardenne, p. 559, et Ann. Soc. Géol. du Nord, IV, p. 307, couche R.
(3) Ardenne, p. 475, et Ann. Soc. Géol. du Nord, IV, p. 306, couche E.

N° 315. Coquille encore de même taille, à aréa encore plus ouvert ($\delta = 0,59$). Cette circonstance augmente la hauteur générale et surtout celle de la grande valve.

Senzeilles. — Famennien ; schistes à *Rh. Omaliusi.*

N° 319. Coquille trapézoïdale à ailes tronquées. Bien que petite, la coquille est assez âgée, comme le témoignent de nombreuses traces d'accroissement accumulées sur le bord. Aréa très large, tronqué sur les bords comme le n° 29 (Planche IV).

Mariembourg. — Famennien; Schistes à *Rh. Dumonti.*

N° 300. Coquille de forme assez exceptionnelle ; ailes trop arrondies pour avoir la forme trapézoïdale ; bourrelet très déprimé ($\sigma = 0,20$) ; aréa très grand ($\delta = 0,95$). La hauteur de la coquille provient uniquement de la hauteur de la grande valve, la petite valve étant presque operculiforme. Côtes larges ($C = 7$), au nombre de 18 sur chaque aile.

Givet. — Frasnien.

N° 26 (Planche IV). Coquille à aréa encore plus grand, égal à la longueur ($\delta = 1$) ; la petite valve est tout à fait operculiforme ($\gamma = 5$). Le bourrelet et le sinus sont peu nets, la languette trapézoïde et déprimée.

Givet : Fort-Condé. — Frasnien.

N° 385. Coquille de même forme, mais de plus grande taille. Le bourrelet est mieux marqué, et la languette décrit une courbe plus forte.

Hucorgne (Belgique). — Frasnien.

N° 27 (Planche IV). Coquille remarquable, parce qu'elle présente d'un côté un éperon très long, presqu'égal à la moitié de la longueur de l'aile. Le côté gauche est cassé.

Beaulieu. — Frasnien.

N° 30. Coquille plate, à bourrelet faible, à ailes tronquées, terminées par de petites saillies, aréa médiocrement large.

Sains. — Famennien ; Schistes à *Rh. Letiensis* (1).

4° Groupe des proquadrati

Les variétés de ce groupe se distinguent de celles du groupe précédent, parce que le rapport de la largeur à la longueur est inférieur à 1,60 sans toutefois baisser en-dessous de 1,35. Elles sont très

(1) Ardenne, p. 546, et Ann. Soc. Géol. du Nord, IV, p. 393.

voisines du groupe suivant, de celui des *obovati*. La coquille est plate ou globuleuse. Les ailes sont courtes, tronquées, généralement terminées par de petites pointes. A un âge moins avancé, elles étaient relativement plus développées et la coquille appartenait aux groupes précédents.

Caractères zoométriques des Spirifer Verneuili *du Groupe des* proquadrati.

NUMÉROS	LOCALITÉS	Lg	Lr	Lr/Lg = α	H	H/Lg = β	V	v	V/v = γ	ar	ar/Lg = δ	ar/Lr = ζ	S	S/Lg = σ	Z	S/Z = φ	C
282	L. Willies *f*.....	23	36	1.56	22	0.95	11	11	1	4	0.17	0.11	8	0.34	15	0.53	8
29	Senzeilles *f*.....	25	38	1.52	27	1.08	17	10	1.70	8	0.32	0.21	8	0.32	10	0.42	12
287	Rance *F*........	19	29	1.52	19	1.00	12.5	6.5	1.92	8	0.42	0 27	4	0.21	13	0.30	
262	Ferques *F*......	25	38	1.52	24	0.96	12	12	1	1.3	0.05	0.03	7	0.28			9
381	Féron *f*.........	24	35	1.46	29	1.20	17	12	1.41	10	0.41	0.28	9	0.37	15	0.60	8
38	Senzeilles *f*.....	21	29	1.38	21	1	11	9	1.22	2.3	0.11	0.07	5	0.23	12	0.41	
id.	» (jeune)	15	27	2.80													
246	Boussu-en-F. *F*.	18.5	25	1.35	16	0.85	9	7	1.28	1.5	0.08	0.06	6	0.32	12	0.50	
	Moyennes......			1.47		1.00			1.26		0.22	0.14		0.29		0.46	

L'aréa est variable, mais il n'atteint, dans aucune forme observée, la disposition droite ou renversée signalée chez quelques *hemicycli*, bien que la diminution de la largeur ait pour effet d'augmenter le rapport ζ.

N° 262 — ζ = 0,03	N° 382 — ζ = 0,11	N° 287 — ζ = 0,27
» 246 — ζ = 0,06	» 20 — ζ = 0,21	» 381 — ζ = 02,8
» 39 — ζ = 0 07		

N° 38 (Planche V). Cette forme, quoique un peu petite, peut être considérée, par l'ensemble de ses proportions, comme le type du groupe. L'aréa est moyen, plutôt étroit (δ = 0,11), triangulaire ; le crochet légèrement recourbé, le bourrelet peu élevé, le sinus profond et anguleux (caractère exceptionnel), les ailes terminées par une très légère pointe (α = 1,38). La grande valve est plus profonde que la petite valve. Les traces d'accroissement, visibles surtout sur celle-ci, montrent que la coquille a eu des ailes bien plus aiguës ; à une certaine époque, le rapport α était 2,80, la classant dans les *attenuati*.

Senzeilles (Belgique). — Famennien, ass. à *R. Omaliusi* (1).

(1) Ardenne, p. 558, et Ann. Soc. Géol. du Nord, IV, p. 307, couche P.

Nº 382. Forme analogue, un peu plus grande; et aréa plus ouvert; ailes plus étendues ($\alpha = 1,56$).
Willies. — Famennien, ass. à *Rh. Letiensis.*

Nº 246. Coquille plus petite et peut-être plus jeune, à aréa plus fermé. Les pointes des ailes sont mieux marquées.
Boussu-en-Fagne (Belgique). — Frasnien.

Nº 262. Coquille plus globuleuse et à aréa plus fermé ($\delta = 0,05$). Elle correspond assez bien à la figure que donne Murchison du *Spirifer Archiaci.*
Ferques. — Frasnien.

Nº 381. Coquille de forme trapézoïde ; ailes tronquées, à aréa très ouvert ($\delta = 0,41$).
Féron. — Famennien : ass. à *Rh. Dumonti.*

Nº 287. Coquille globuleuse à aréa très large, crochet peu sailleux. Ailes plus étendues que dans les formes précédentes. ($\alpha = 1.53$).
Rance (Belgique). — Frasnien.

Nº 29 (Planche IV). Forme trapézienne, globuleuse ($\beta = 96$). Aréa large triangulaire ($\delta = 0,32$), où l'on distingue les lignes d'accroissement. Le crochet (il est cassé) devait être presque droit. Les lignes d'accroissement indiquent des formes anciennes analogues à la forme actuelle.
Senzeilles (Belgique). — Famennien, ass. à *Rh. Omaliusi.*

Groupe des obovati

Les variétés de ce groupe se distinguent des précédentes par les formes de leurs ailes, qui sont légèrement arrondies, de sorte que la plus grande largeur de la coquille est sous l'aréa. Ce caractère est acquis avec l'âge. Plus jeune, le *Spirifer* appartenait à un des groupes précédents ; la croissance plus rapide des ailes en bas et l'extérieur lui a fait prendre la forme spéciale au groupe.

Le rapport de la largeur à la longueur est toujours inférieur à 1,60 ; il descend jusqu'à 1,24. L'aréa n'y atteint jamais ces dimensions exagérées, que l'on observe chez les *hemicycli.* Par contre, quelques variétés sont globuleuses et présentent même une hauteur supérieure à la longueur. Ce gonflement se fait en général au dépens de l'une des valves, tantôt de la grande, tantôt de la petite.

Caractères zoométriques des Spirifer Verneuili *du groupe des* obovati

NUMÉROS	LOCALITÉS	Lg	Lr	Lr/Lg = α	H	H/Lg = β	V	v	V/v = γ	ar	ar/Lg = δ	ar/Lr = ζ	S	S/Lg = σ	Z	S/Z = ρ	C
270	Hucorgne *F*....	25	36	1.44	24	0.96	13	11	1.18	4	0.11	0.11	7	0.28	15	0.46	16
255	Breinig *F*.......	18	29	1.61	23	1.27	16	7	2.28	9	0.50	0.31	4	0.22	10	0.40	
39	Senzeilles *f*.....	23	37	1.60	26	1.13	12	14	0.85	8	0.35	0.21	10	0.43	16	0.62	7
253	Breinig *F*.......	27	43	1.59	22	0.63	12	10	1.20	10	0.37	0.23	6	0.22	16	0.37	11
32	Neuville *F*......	33	52	1.57	30	0.90	16	14	1.13	7	0.21	0.13	13	0.39	24	0.62	9
240	Senzeilles *f*.....	21	33	1.57	24	1.14	15	9	1.66	9	0.42	0.27	7	0.33	14	0.50	7
295	Sains *f*..........	21	33	1.57	24	1.14	13	11	1.18	6.6	0.31	0.20	9	0.42	12	0.75	10
248	Neuville *F*......	32	49	1.53	33	1.03	17	16	1.06	7	0.22	0.14	15	0.46	20	0.75	7
37	Rance *F*........	24	36	1.50	29	1.20	18	13	1.38	8	0.33	0.22	9	0.37	16	0.56	7
35	Aye *f*...........	36	54	1.50	35	0.97	14	21	0.66	7	0.19	0.12					10
273	Neuville *F*... ..	25	36	1.44	26	1.04				4	0.16	0.11	5	0.20	19	0.26	13
250	Breinig *F*	17	24	1.41	20	1.17	13	7	1.85	8	0.47	0.33	7	0.41	10	1.70	
281	Awans *F*	22	31	1.41	23	1.04	14	9	1.55	5	0.22	0.16	7	0.31	14	0.50	13
34	Aye.............	35	49	1.40	41	1.17	17	22	1.77	3	0.08	0.06	22	0.62	25	0.88	10
232	Aye *f*...........	32	45	1.40	35	1.09				7	0.22	0.15					10
31	Hucorgne *F*....	23	32	1.30	25	1.08	13	12	1.08	5	0.22	0.15	10	0.44	14	0.71	11
33	Aye *f*	36	49	1.36	39	1.08	19	20	0.95	1	0.03	0.02	7	0.19	20	0.58	10
41	Hotton *F*	19	26	1.36	19	1.00	11	8	1.37	3.5	0.18	0.13	6	0.31	9	0.66	
id.	» (jeune).	17	26	1.52													
id.	» (plus jeune)	12	19	1.58													
40	Sains *f*..........	21	28	1.33	23	1.00	15	8	1.87	2	0.09	0.07					16
36	Awans *F*.......	25	30	1.20	24	0.96	15	9	1.66	8	0.32	0.26	9	0.36	14	0.64	13
	Moyennes			1.44		1.03			1.31					0.35		0.64	

Au point de vue de la valeur de l'aréa, les Spirifères du groupe des *obovati* se divisent en trois catégories :

1° Aréas étroits :

N° 33 — ζ = 0,02 N° 34 — ζ = 0,06 N° 40 — ζ = 0,07

2° Aréas faiblement ouverts :

N° 279 — ζ = 0,11	N° 32 — ζ = 0,13	N° 281 — ζ = 0,16
» 273 — ζ = 0,11	» 248 — ζ = 0,14	
» 35 — ζ = 0,12	» 31 — ζ = 0,15	
» 41 — ζ = 0,13	» 232 — ζ = 0,15	

3° Aréas très ouverts :

N° 295 — ζ = 0,20	N° 253 — ζ = 0,23	N° 255 — ζ = 0,31
» 30 — ζ = 0,21	» 36 — ζ = 0,26	» 250 — ζ = 0,33
» 37 — ζ = 0,22	» 240 — ζ = 0,27	

N° 39 (Planche V). Cette coquille fournit un assez bon type des variétés hautes du groupe. Le rapport de la hauteur à la longueur est de 1,30 ; les deux valves y contribuent à peu près également ; c'est cependant la petite valve qui est la plus globuleuse (γ = 0,85) et cela bien que la grande valve doive une grande profondeur à la largeur de l'aréa (δ = 0,35). Les ailes sont arrondies, assez étendues pour que le rapport α monte à 1,60. L'aréa se termine latéralement par une très légère pointe. Les côtes sont grosses (C = 7).

Senzeilles. — Famennien, schistes à *Rh. Omaliusi* (1).

N° 240. Cette coquille ne diffère de la précédente, que par le rapport α qui descend à 1,57 et par l'inégalité des valves (γ = 1,66), la petite valve étant beaucoup moins bombée. Le bourrelet est mal limité.

Senzeilles. — Famennien, schistes à *Rh. Omaliusi*, niveau inférieur au précédent (2).

N° 31 (Planche IV). Cette variété est relativement moins large que les précédentes (α = 1,39), les deux valves sont presqu'égales, les côtes moins larges (C = 11).

Hucorgne (Belgique). — Frasnien.

N° 295. Coquille voisine de la précédente, présente l'aile gauche arrondie et l'aile droite tronquée avec une petite pointe.

Sains, tranchée de Rainsart. — Famennien, schistes à *Rh. Letiensis* (3).

N° 37 (Planche V). Cette coquille est remarquable par son grand aréa (δ = 0,33) et la profondeur de la grande valve (γ = 1,38).

Rance (Belgique). — Frasnien (4).

---

(1) Ardenne, p. 558 et Ann. Soc. géol. du Nord, IV, p. 307 ; couche P.
(2) Id., id. couche K.
(3) Ardenne, p. 546 et Ann. Soc. géol. du Nord, VI, p. 393, couche O.
(4) Ardenne, p. 491

N° 281. Coquille moins haute que les précédentes (β = 1,05), s'en distingue par ses côtes plus fines (C = 13) et par son bourrelet peu saillant, mal limité; la languette est faiblement anguleuse.

Awans (Belgique). — Frasnien.

N° 273. Coquille moins haute encore, à aréa plus fermé, à côtes fines (C = 13), à bourrelet mal limité, à languette très faible (ζ = 0,26). Les ailes sont arrondies; celle de gauche était terminée par un très léger éperon aujourd'hui cassé.

Neuville (Belgique). — Frasnien.

N° 279. Coquille presque plate (β = 0,93), ressemblant à la précédente par son aréa étroit, son bourrelet mal limité, sa languette assez faible (ζ = 0,46), ses côtes bien plus fines encore (C = 16).

Hucorgne (Belgique). — Frasnien (1).

N° 41 (Planche V). Coquille de petite taille présentant parfaitement le type des *obovati* sans exagération de hauteur. La grande valve est la plus profonde, ce qui est en rapport avec un aréa relativement élevé (δ = 18). Cet aréa est triangulaire ; il se termine par un crochet recourbé. On voit sur la coquille plusieurs lignes d'accroissement, qui prouvent qu'elle avait pris la forme des *obovati* à une période ancienne, alors que sa longueur était bien moindre, le rapport α a passé successivement par les valeurs suivantes : 1,58, 1,52, 1,36.

Hotton (Belgique). — Frasnien.

N° 250. Coquille très globuleuse (β = 1,17) ce qui tient à la hauteur considérable de l'aréa (δ = 0,47) et à la profondeur de la grande valve. Les côtes sont fines. Les lignes d'accroissement permettent de reconnaître que α a passé par les valeurs successives : 1,75, 1,50, 1,41.

Breinig (Prusse). — Frasnien.

N° 32 (Planche IV). Cette coquille fournirait un bon type du groupe des *obovati* de grande taille (Lg = 33 m. m.), si les deux ailes se ressemblaient ; mais tandis que l'aile droite est franchement ovale, l'aile gauche présente la forme tronquée des *hemicycli*. Les côtes sont assez grosses (C = 9).

Neuville (Belgique.) — Frasnien.

N° 248. Coquille très semblable à la précédente, mais c'est l'aile gauche qui est obovale, tandis que l'aile droite est trapézoïde. Les côtes sont encore plus grosses (C = 7). Dans cette forme comme dans la précédente, la languette est régulièrement bombée.

Neuville. — Frasnien.

---

(3) Mémoire sur les terrains primaires, etc., 1860, p. 92.

N° 253. Coquille plate, à aréa ouvert, triangulaire, bien moins large que les ailes. La languette est déprimée, les côtes ordinaires.

Breinig (Prusse). Frasnien.

N° 255. Coquille de même forme, mais de plus petite taille, probablement plus jeune; l'aréa s'étend plus loin sur la charnière. Les côtes sont plus grosses ; chacune d'elles a une largeur de 1 m. m. 8 au bord de la coquille.

Breinig (Prusse). — Frasnien.

N° 36 (Planche V). Forme curieuse par son peu de largeur ($\alpha = 1,20$). C'est relativement la plus étroite de celles que j'ai observées. L'aréa est aussi excessivement étroit. Les côtes sont fines ($C = 13$); le bourrelet est mal limité, la languette conique.

Awans (Belgique). Frasnien.

N° 33 (Planche V). Cette variété est très remarquable par la courbure et l'obliquité de la grande valve, par la forme bombée de la petite valve, par son aréa étroit et son crochet très recourbé, recouvrant l'aréa, de sorte que le rapport ($\delta = 0,01$) n'indique pas en réalité la largeur de l'aréa. Les côtes sont plutôt étroites ($C = 10$). La languette est arrondie.

Aye (Belgique). — Famennien, schistes à *Rh. Omaliusi* (1).

N° 34 (Planche V). Variété voisine de la précédente, remarquable par le développement plus grand encore de la petite valve. En même temps que celle-ci se bombe vers le crochet pour recouvrir l'aréa, le sinus se courbe et se dirige aussi vers l'aréa. La languette a la forme d'un triangle qui atteint la hauteur de 22 m. m. ($\sigma = 0,62$, le plus grand rapport de cette nature observée).

Aye (Belgique). — Famennien, schistes à *Rh. Omaliusi* (1).

N° 35 (Planche V). Coquille très abimée, mais montrant néanmoins des caractères dignes d'être cités. Sa hauteur considérable ($\beta = 1,50$) est due au bombement énorme de la petite valve comme dans la variété précédente ; elle s'en distingue par un aréa plus ouvert ($\delta = 0,29$), étroit, triangulaire, beaucoup moins étendu que les ailes.

Aye. — Famennien, schistes à *Rh. Omaliusi* (2).

N° 40 (Planche V). Coquille globuleuse, dont le bourrelet ne peut pas se distinguer des ailes; le sinus est bien visible, mais ses limites sont mal définies; la languette est très surbaissée. Aréa

---

(1) Ardenne, p. 587 et Ann. Soc. géol. du Nord, VII, p. 196, couche E.
(2) Id., id. couche K.

étroit presque aussi étendu que les ailes et se terminant par de légères pointes. Côtes très fines (C = 16).

Les lignes d'accroissement montrent que la coquille a passé par les phases $\alpha = 1,62$ et $1,52$ pour aboutir à $\alpha = 1,24$.

Sains, tranchée de Rainsart. — Fammenien : *Schistes à Rh. letiensis* (1).

V. — Spirifer Verneuili, jeunes

On a vu que les diverses variétés du *Spirifer Verneuili* présentent presque toutes à un âge moins avancé une forme à ailes plus allongées terminées en pointes. Par les progrès du temps, la longueur augmente, l'échancrure des ailes se comble, la forme passe successivement du groupe *attenuati* au groupe *elongati*, puis aux groupes *hemicycli*, *proquadrati* et *obovati*, mais il n'est pas prouvé, que cette progression soit générale. Déjà le n° 41 montre un état jeune où le caractère des *obovati* est manifeste. Si on examine des formes moins longues et par conséquent plus jeunes, on voit qu'elles constituent deux groupes, l'un qui tend aux *attenuati* et aux *elongati*, l'autre qui a déjà les formes des *hemicycli*, des *proquadrati* et des *obovati*.

Si on se reporte à un âge plus ancien encore, ces divers caractères disparaissent, et on voit une forme qui rappelle assez bien celle des *hemicycli* avec un aréa assez ouvert. Ces formes, très jeunes, sont intéressantes, parce qu'elles font assister à la naissance des côtes sur le sinus et sur le bourrelet.

---

(1) Ardenne, p. 546 et Ann. Soc. géol. du Nord, VI, p. 393, couche O.

Caractères zoométriques des Spirifer Verneuili *jeunes*

NUMÉROS	LOCALITÉS	Lg	Lr	Lr/Lg = α	H	H/Lg = β	V	v	V/v = γ	ar	ar/Lg = δ	ar/Lr = ζ	S	S/Lg = σ	Z	S/Z = φ	C
42	Ferques *F*......	5.5	8.5	1.55	5	0.99	3	2	1.50	1.6	0.20	0.18	2	0.36	2.9	0.68	
43	Ferques *F*......	6.6	8.8	1.33	5.9	0.89	3.4	2	1.70	1.9	0.28	0.21	2.3	0.34	2.5	0.92	
266	Ferques *F*	5.8	11.6	2	5	0.08	3	2	1.50	1.5	0.25	0.12	1.5	0.25	3.6	0.41	
44	Ferques *F*......	7	11	1.57	7.5	1.07	4.7	3	1.56	1.4	0.20	0.12	3	0.42	4	0 41	
268	Ferques *F*......	9	13.5	1.50	9	1.00	6	3	2.00	1.7	0.18	0.12	2.5	0.27			
45	Ferques *F*......	8.5	17	2	7.5	0.88	4.5	3	1.50	2.7	0.31	0.15	2	0.23	4.5	0.44	
306	Barzé *F*........	8	13	1.62	10	1.25	7	3	2.33	7	0.87	0.53					
46	Romedenne *F*..	8	10	1.25	8.5	1.06	6.8	1.7	4.00	6	0.73	0.44	1	0.12	3.7	0 27	
id.	» (jeune).	6	9	1.50						4	0.66						
47	Rhisne *F*.......	11	23	2.10	12	1.09	6	6	1.00	3.5	0.32	0.15	3.5	0.31	7	0.50	
48	Ferques *F*......	11	22	2.00	11	1.00	5	4	1.25	5.5	0.50	0.25	2	0.18	6	0.33	
49	Ferques *F*......	11	29	2.64	11	1.00	6	5	1.20	7	0.63	0.24	2.4	0.21	5	0.48	
380	Senzeilles *F* ...	13.5	37	2.72	15	1.00	8	7	1.14	4.5	0.33	0.12	5	0.36	8	0.62	
50	Hotton *F*.......	13	20	1.53	12	0.92	8	4	2	2	0.15	0.10	4	0.30	8	0.50	
51	Jeumont *F*......	13	19	1.46	13.5	1.03	10.5	3	3.50	10.5	0.80	0.55	1.5	0.11	4	0.37	
303	Ferrière-les-G. *F*	12.5	21	1.68	15	1.20	11	4	3.75	11	0.08	0.52	4	0 32	3.5	1.14	
301	Virelles *F*.......	11	16.5	1.50	10	0.91	7	3	2.33	4.6	0.41	0.27	2.7	0.24	6	0.45	
52	*F*.......	10.8	17	1.57	10.4	0.90	8	2.4	3.33	8	0.74	0.46	1	0.09	5	0.16	
385	Cerfontaine *F* r.	16	24	1.50	18	1.12	12.5	5.5	2.27	11	0.68	0.45	6	0.37	8.5	0.70	

PREMIER AGE

Les plus jeunes formes de *Spirifer Verneuili* que j'ai pu observer, ont déjà plus de 5 mm. de longueur. Leur étude montre que le Spirifère a commencé par avoir un bourrelet et un sinus lisses comme chez les Spirifères du dévonien inférieur. Mais à la longueur de 2 m.m. il y a déjà des côtes; elles se multiplient en naissant par division sur le bourrelet et dans l'intervalle des autres côtes sur le sinus.

N° 45 (Planche V). Coquille de 5 mm., 5 de longueur; sa forme générale est celle des *obovati* le crochet est légèrement recourbé, l'aréa triangulaire assez large ($\delta = 0,29$). Le bourrelet et le sinus nettement marqués.

Sur le bourrelet, on distingue près de sa naissance une grosse côte, qui se transforme par trifurcation en une côte médiane et en deux côtes latérales ; de la première, naissent plus loin trois autres côtes, ce qui porte le nombre des côtes du bourrelet à 5 sur le front ; à l'extérieur du bourrelet sur le côté droit, il y a une côte rudimentaire. Dans le sinus, deux côtes naissent à peu de distance du crochet et suivent presque parallèlement les bords du sinus ; aux quatre cinquièmes de la coquille, on voit naître deux nouvelles côtes intérieures ; une cinquième se montre à l'extérieur du côté droit de la coquille ; elle n'a pas son analogue du côté gauche. Les ailes arrondies à leurs extrémités portent 10 côtes simples.

Ferques. — Frasnien.

N° 49 (Planche V). Coquille un peu plus grande, mais présentant les mêmes caractères ; sa forme est encore celle des *obovati* ; l'aréa triangulaire ($\delta = 0,29$) a ses bords mousses ; le crochet est porté un peu de côté. Le bourrelet se termine en avant par une suture trapézoïdale. Sur le bourrelet quatre côtes naissent par bifurcations successives d'une côte unique primitive. Ce procédé de multiplication est exceptionnel. Dans le sinus l'encroutement ne permet pas de distinguer les côtes. Les ailes portent 13 côtes simples.

Ferques. — Frasnien.

N° 266. Coquille à ailes plus étendues ; bien que les extrémités de ces ailes soient brisées, on peut juger qu'elle avait la forme générale des *elongati* ($\alpha = 2$). Sur le bourrelet de la côte médiane primitive se détachent comme chez la précédente deux côtes latérales, puis plus loin deux nouvelles. En même temps sur les bords extérieurs des bords du bourrelet, il naît deux côtes, une de chaque côté, ce qui fait un total de 7 côtes au front de la coquille. Dans le sinus on voit naître successivement deux côtes, puis deux autres vers l'extérieur, puis encore deux nouvelles à l'intérieur.

Ferques. — Frasnien.

N° 44 (Planche V). Coquille un peu plus âgée, ayant la forme des *obovati*, passant aux *elongati*. Sur le bourrelet 5 côtes naissent par deux trifurcations successives de la côte unique primitive. De plus, il y a une côte sur le côté gauche du bourrelet. Dans le sinus, les côtes sont plus minces et plus difficiles à observer ; cependant on distingue qu'il s'y produit deux côtes, puis deux latérales entre les précédentes et le bord du sinus, puis encore deux côtes intérieures. Les ailes légèrement arrondies portent 13 côtes simples.

Ferques : Beaulieu. — Frasnien.

N° 42 (Planche V). Cette coquille, d'une dimension un peu plus grande, présente absolument les mêmes caractères. Une ligne d'accroissement montre qu'elle possédait déjà le même nombre de côtes, lorsque sa longueur n'était que de 6 mm.

Ferques. — Frasnien.

N° 306. Forme remarquable par l'ouverture de l'aréa (δ = 0,87). On voit que ce caractère peut se dessiner même dans le premier âge. Cette forme et les suivantes correspondent au *Sp. lenticulum* de de Verneuil et de Wenjukoff.

Barzé (Belgique). — Frasnien ; couche à *Cam. megistana* (1).

N° 46 (Planche V). Forme à aréa aussi très ouvert ; les lames d'accroissement visibles sur l'aréa et sur le dos montrent qu'à une époque ancienne l'aréa était déjà très grand. Les côtes du bourrelet sont usées, mais dans le sinus on voit quatre côtes : deux extérieures sont plus longues et plus grosses que les deux intérieures. Le crochet de la petite valve est légèrement usé.

Romedenne (Belgique). — Frasnien.

DEUXIÈME AGE

Je range dans ce groupe les coquilles dont la longueur dépasse 10 mm. Elles diffèrent de celles du premier âge, non seulement par la taille, mais aussi par le nombre des plis du bourrelet et du sinus.

On peut les diviser en deux groupes : celles qui tendent vers les *attenuati* et les *elongati*, celles qui tendent aux formes des *hemicycli*, *proquadrati* et *obovati*.

Premier Groupe

N° 51 (Planche V). Coquille à ailes très allongées, leurs extrémités sont brisées, mais on peut estimer qu'avant sa mutilation, la coquille devait avoir au moins 23 mm. de largeur. L'aréa de la grande valve est moyen (δ = 32), en forme de triangle à base très large. L'aréa de la petite valve est très nettement visible. Le bourrelet est trop encroûté pour qu'on puisse étudier les côtes, mais dans le sinus on voit 8 côtes, deux côtes primordiales, deux autres à l'intérieur dont la naissance ne se distingue plus des précédentes, deux plus intérieures encore et plus récentes, enfin deux extérieures.

Rhisne (Belgique). — Frasnien (2).

N° 52 (Planche V). Cette forme diffère de la précédente par un aréa un peu plus ouvert (δ = 50),

(1) Ardenne, p. 557 et Ann. Soc. géol. du Nord, IV, p. 307 ; couche K.
(2) Ardenne, p. 462, fig. 101, couche g.

les ailes qui sont entières portent chacune 23 côtes. Celles du bourrelet sont effacées ; dans le sinus on voit : deux côtes naissant près du crochet; quatre côtes intérieures, qui paraissent deux par deux, les plus jeunes étant les plus internes; quatre côtes extérieures, deux de chaque côté, les plus extérieures étant les plus courtes.

Ferques. — Frasnien.

N° 43 (Planche V). Forme à crochet droit, à aréa beaucoup plus ouvert ($\delta = 0,64$), à bourrelet bien marqué, à sinus profond, à languette régulièrement courbée; ses ailes allongées ($\alpha = 2,64$) et très pointues portent 24 côtes.

Ferques. — Frasnien.

N° 380. Coquille peut-être adulte, remarquable par le grand développement de ses ailes terminées en pointes ($\alpha = 2,73$).

Senzeilles. — Famennien, ass. à *Rh. Omaliusi* (1).

Deuxième Groupe

Presque toutes les formes de ce groupe ont un aréa très ouvert. Cela tient peut-être au choix qui se fait naturellement dans les récoltes, où l'on néglige les petits individus, à l'exception des variétés extraordinaires.

N° 50 (Planche V). Cette variété ne diffère que par la taille des formes normales des *obovati*; elle pourrait même en être considéré comme un bon exemple; l'ouverture du crochet est faible ($\delta = 0,15$), la ligne sinuidale régulièrement courbe; le bourrelet et le sinus bien limités. Sur le bourrelet, il y a 7 côtes obtenues par trois trifurcations de la côte centrale, puis sur les parois extérieures une côte à gauche et deux à droite. Le sinus a perdu son test. Les ailes bien arrondies portent 20 côtes qui vont en diminuant du centre à la périphérie.

Hotton (Belgique). — Frasnien, à la base de l'étage.

N° 47 (Planche V). Cette variété est très remarquable sous plusieurs rapports. Son aréa est très grand ($\delta = 0,80$), le crochet rejeté en arrière, la grande valve profonde, tandis que la petite valve est presque plate, le bourrelet non distinct, la ligne palléale à peine courbe. Les ailes trapézoïdales, tronquées, sont terminées par des pointes très aiguës; elles portent chacune 14 côtes. La coquille

(1) Ardenne, p. 351.

montre deux arrêts de croissance manifestés par des lames en saillie sur le dos et par des pointes sur le bord de l'aréa. Ces lignes d'accroissement se prolongent sur l'aréa.

Jeumont, chemin de Colleret. — Frasnien.

N° 303. Forme qui rappelle certaines variétés d'*obovati*, dont une aile est arrondie, tandis que l'autre est tronquée ; elle est remarquable parce que l'aréa est extraordinairement ouvert (δ = 0,88), triangulaire et tordu sur le côté.

Ferrières-la-Grande. — Frasnien, couche à *Acervularia* (1).

N° 301. Forme de petite taille à aréa ouvert (δ = 0,26), mais plus étroit que la charnière ; le crochet est droit, rejeté sur le côté ; le bourrelet se distingue difficilement des ailes. La ligne palléale est une courbe déprimée (σ = 24).

Virelles (Belgique). — Frasnien, schistes à Réceptaculites.

N° 48 (Planche V). Autre forme à aréa triangulaire très ouvert (δ = 0,73), à bourrelet très faible (σ = 18) ; ailes trapézoïdales, tronquées.

Loc? — Frasnien, schistes à Réceptaculites.

N° 385. Coquille assez grande, à ailes arrondies, marquées de 20 côtes ; bourrelet faible et sinus profond. Aréa triangulaire très ouvert (δ = 0,68).

Cerfontaine (Belgique). — Frasnien, couche à Réceptaculites (2).

Ces diverses formes a aréa très ouvert représentent le *Spirifer tenticulum*.

VI. — Spirifères voisins du Verneuili

1° Spirifer Orbelianus

Abich. *Vergleichende grundzüge der Geologie des Kaukasus wie der Armenischen and Nordpersischen gebirge*. Mém. Acad. sc. de Saint-Pétersbourg, 6e série, vii, p. 524, t. I, f. 2 et 3 ; t. II, f. 4 et 5.

Cette espèce est très voisine du *Spirifer Verneuili*. Elle s'en rapproche par sa forme générale qui est celle des groupes *hemicycli* ou *obovati*. Les ailes sont ornées de côtes simples, plus ou moins larges.

---

(1) Ardenne, p. 502 et Ann. Soc. Géol. du Nord, IV, p. 241.
(2) Ardenne, p. 475 et Ann. Soc. Géol. du Nord, IV, p. 306.

Le bourrelet, généralement bien marqué, est couvert de côtes plus fines que les ailes. Le sinus peu profond présente au milieu une légère bosse entre deux dépressions ; c'est le caractère distinctif de l'espèce. La languette a une forme trapézoïde qui est aussi caractéristique, sans être absolument générale. Ces deux caractères séparent le *Spirifer Orbelianus* du *Spirifer Verneuili*, mais ils présentent l'un et l'autre des degrés qui rapprochent singulièrement les deux espèces. Cependant, avec un peu d'habitude, on reconnaît au simple faciès le *Spirifer Orbelianus*. Son aréa est généralement très ouvert ; le rapport de la largeur à la longueur est intermédiaire entre 1.25 et 1.80.

Caractères zoométriques des Spirifer Orbelianus

NUMÉROS	LOCALITÉS	Lg	Lr	Lr/Lg = α	H	H/Lg = β	V	v	V/v = γ	ar	ar/Lg = δ	ar/Lr = ζ	S	S/Lg = σ	Z	S/Z = φ	C
328	Vireilles........	34	61	1.79	43	1.26	32	11	2.90	19	0.55	0.31	12	0.35	20	0.60	12
340	Dourbes........	38.5	64	1.66	50	1.29				21	0.54	0.32	22	0.57	36	0.61	10
336	Pétigny.........	32	52	1.62	42	1.31	21	21	1	12	0.37	0.23	18	0.56	25	0.72	9
64	Dourbes........	44	68	1.54	55	1.25	30	25	1.20	17	0.38	0.25	24	0.54	31	0.77	8
63	Vireilles........	36	53	1.47	45	1.25	22	23	0.95	18	0.50	0.33	17	0.47	25	0.68	9
62	Vireilles........	35	50	1.42	36	1.02	18	18	1	12	0.34	0.24	13	0.37	21	0.61	10
60	Givet............	32	44	1.37	36	1.12	18	18	1	7	0.21	0.15	13	0.40	18	0.72	13
331	Foische.........	28	38	1.35	34	1.21	18	16	1.12	7	0.25	0.18	11	0.39	18	0.61	13
339	Foische.........	20	27	1.35	30	1.50	19	11	1.72	17	0.85	0.62	9	0.45	16	0.56	
335	Martousin......	24	32	1.33	25	1.04	12	12	1	6	0.25	0.18	4	0.15	11	0.36	18
338	Dourbes........	40	64	1.33	48	1.20	28	20	1.40	16	0.40	0.25	24	0.60	30	0.80	7
65	Givet............	26	34	1.30	28	1.07	20	8	2.50	12.5	0.48	0.36	9	0.34	12	0.75	
327	Dourbes........	36	46	1.27	43	1.19	25	18	1.38	12	0.33	0.26	18	0.50	24	0.75	8
341	Beaulieu........	30	38	1.26	37	1.25	19	18	1.05	14.4	0.48	0.37	11	0.36	16	0.68	13
334	Bélièvre........	40	50	1.25	44	1.10				16	0.40	0.32	11	0.27	23	0.47	11
	Moyennes......			1.42		1.20			1.40		0.40	0.29		0.41		0.64	

Au point de vue de l'aréa, ces Spirifères, qui ont presque tous un aréa très élevé, se classent de la manière suivante :

No 60 — ζ = 0,15
» 331 — ζ = 0,18
» 335 — ζ = 0,18
» 336 — ζ = 0,23
» 62 — ζ = 0,24

No 64 — ζ = 25
» 338 — ζ = 25
» 327 — ζ = 26
» 328 — ζ = 31
» 340 — ζ = 32

No 334 — ζ = 32
» 63 — ζ = 33
» 65 — ζ = 36
» 341 — ζ = 37
» 339 — ζ = 62

On peut diviser les *Spirifer Orbelianus* en deux séries, les uns de taille moyenne à côtes nombreuses et étroites, les autres de taille considérable et à côtes plus larges. C'est ce dernier groupe, où la longueur est supérieure à 35 mm., qui m'avait fait donner à la couche où on les trouve, le nom de zone des monstres.

Le *Spirifer Orbelianus* se trouve uniquement dans une zone spéciale vers la base du frasnien inférieur. J'en faisais anciennement la limite du frasnien et du givetien (1).

N° 60 (Planche VI). Coquille obovale, globuleuse, presqu'aussi haute que longue ($\beta = 1.12$). Bec peu recourbé, aréa médiocrement élevé, triangulaire; bourrelet assez nettement limité; sinus large peu profond, avec bombement central nettement accusé. Languette trapézoïde. Ailes tronquées, légèrement arrondies. Côtes fines, égales sur le bourrelet et sur les ailes.

Givet.

N° 331. Cette coquille présente les mêmes caractères que la précédente avec une taille un peu moindre, et un aréa plus ouvert.

Foische.

N° 65 (Planche VI). Coquille plus petite encore et à aréa encore plus ouvert.

Givet.

N° 339. Coquille exagérant ce caractère de l'aréa qui devient presque plan; le bombement du centre du sinus n'est plus visible, mais la languette est trapézoïdale.

Foische.

N° 335. Coquille présentant les mêmes caractères que le n° 60, mais avec une taille plus petite et des ailes plus tronquées, terminées par de légères pointes. Peut-être est-ce un jeune âge.

Martousin (Belgique).

N° 61 (Planche VI). Coquille présentant la même taille et les mêmes caractères que le n° 60, à aréa beaucoup plus ouvert. Dans l'ouverture deltoidienne, on voit un deltidium formé de pièces imbriquées, qui s'appuie sur le bord cardinal et se termine en pointe vers la moitié de l'ouverture. Ce caractère serait important, s'il était constaté d'une manière normale; mais ici on peut supposer que la portion supérieure du deltidium a été brisée ou enfoncée.

Beaulieu près Ferques.

N° 62 (Planche VI). Coquille à ailes tronquées, terminées par de légères pointes; sinus très peu

(1) Ardenne, p. 459 et Ann. soc. géol. du Nord, III, p. 36.

profond, présentant encore un bombement central manifeste; languette décrivant à sa suture une courbe régulière; aréa médiocre. Côtes moins fines que chez les précédentes.

Virelles.

N° 328. Coquille plus grosse et plus globuleuse que la précédente; aréa plus élevé; languette de forme trapézoïde. Ce Spirifère et les suivants appartiennent à la série de grande taille.

Virelles.

N° 327. Coquille élargie, trapézoïde, de grande taille; aréa largement ouvert, triangulaire. Bourrelet relevé; sinus large, peu profond, présentant un bombement au milieu; languette élevée, trapézoïde, mais à sommet étroit.

Dourbes.

N° 63 (Planche VI). Coquille un peu plus étroite que la précédente, s'en distinguant surtout par son aréa très ouvert, terminé par un bec pointu; la languette est très haute, triangulaire. Le bombement du centre du sinus est très développé. Les côtes sont larges.

Virelles.

N° 340. Forme très voisine du n° 327; aréa plus ouvert.

Dourbes.

N° 338. Autre forme voisine. La languette décrit une courbe très régulière.

Dourbes.

N° 64 (Planche VI). Coquille de grande taille, globuleuse à ailes tronquées, à côtes très larges; languette arrondie: sinus bombé en son milieu. Ce Spirifère est le plus volumineux de ceux que j'ai rencontrés (Lg = 44^{mm}).

Dourbes.

N° 334. Coquille qui se rapproche des précédentes par la taille, la largeur des côtes, l'ouverture de l'aréa, mais les caractères du *Spirifer Orbelianus* lui manquent. Le bord de la languette décrit une courbe régulière et le sinus n'est pas bombé au milieu. Ce Spirifère a été trouvé au niveau du *Spirifer Orbelianus* et il diffère bien peu du n° 338. Si son attribution à la même espèce était erronée, il faudrait le considérer comme une variété de *Spirifer Verneuili* du groupe des *hemicycli*.

Bailièvre.

2° Spirifer aperturatus

Schlotheim. *Nachtrag*, pl. XII, fig. 1.

Le *Spirifer aperturatus* ressemble au *Spirifer Verneuili* par sa forme générale ovale ou subovale, qui rappelle le groupe des *obovati*, par son bourrelet et son sinus couverts de côtes plus fines que celles des ailes. Il s'en distingue essentiellement parce que les côtes des ailes sont plus espacées (l'intervalle qui les sépare est plus large que les côtes elles-mêmes), et parce qu'une ou plusieurs de ces côtes sont bifurquées. Le nombre des côtes bifurquées est très variable; il dépend de la taille de la coquille. Généralement, quand une côte est bifurquée sur une valve, celle qui lui répond dans l'autre valve l'est aussi. La bifurcation donne presque toujours naissance à deux branches inégales; la plus petite, celle qui semble se détacher de l'autre, est à l'intérieur. L'aréa est toujours ouvert, triangulaire.

Caractères zoométriques des Spirifer aperturatus

Numéros	Localités	Lg	Lr	Lr/Lg = α	H	H/Lg = β	V	v	V/v = γ	ar	ar/Lg = δ	ar/Lr = ζ	S	S/Lg = σ	Z	S/Z = φ	C
67	Glageon........	40	64	1.60	41	1.02	23	18	1,27	17	0.42	0.26	16	0.40	17	0.94	8
69	Foische........	28	44	1 57	30	1.07	18	12	1.50	10	0.35	0.22	15	0.53	18	0.83	7
321	Glageon........	30	46	1,53	27	0.90	13	14	0.92	8	0.26	0,17	8	0.60	18	0.62	
66	Glageon........	29	43	1.48.	36	1.24	23	13	1.76	10	0.34	0 23	6	0,24	14	0,42	5
325	Glageon........	40	54	1,35	45	1.12				20	0.50	0.37	17	0.42			7
68	Glageon........	29	37	1,27	36	1.24	18	9	2.00	6	0.20	0.16	5	0.17	12	0.41	7
	Moyennes			1.46		1.09			1.48		0.34	0.23		0.37		0,27	

Classés au point de vue de l'aréa, les *Spirifer aperturatus* se rangent de la manière suivante :

N° 68 — ζ = 0,16	N° 66 — ζ = 0,23	N° 67 — ζ = 0,26
» 321 — ζ = 0,17	» 69 — ζ = 0,22	» 325 — ζ = 0,37

Par leur forme générale, ils se subdivisent en deux groupes; l'un qui est en quelque sorte le type de l'espèce, l'autre composé des deux formes 67 et 325 que l'on ne peut y rapporter qu'avec doute.

Le *Spirifer aperturatus* se trouve avec le *Spirifer Orbelianus ;* mais peut-être s'élève-t-il dans les couches à Receptaculites (1).

Nº 66 (Planche VII). Coquille obovale ayant sa plus grande largeur, bien en-dessous de sa charnière. Aréa ouvert triangulaire. Bourrelet faible, couvert de neuf côtes bifurquées, plus étroites que celles des ailes. Sinus peu profond, orné de dix côtes, également plus fines que celles des ailes. Languette basse. Ailes portant des côtes dont quelques-unes sont bifurquées : la seconde, la quatrième et peut-être la cinquième de l'aile gauche ; la troisième, la quatrième et la cinquième de l'aile droite au moins sur le dos (sur la face les deux dernières côtes sont trop encroûtées pour que l'on voit la division).

Glageon.

Nº 69 (Planche VII). Forme semblable à la précédente, les cinq premières côtes sont bifurquées sur l'aile de gauche, et seulement des deux premières sur l'aile de droite.

Foische.

Nº 68 (Planche VII). Forme trapézoïde, ailes tronquées ; la troisième côte de l'aile droite est seule bifurquée. Une portion de test parfaitement conservée sur le côté du bourrelet (fig. 68 *b*), montre des stries longitudinales très fines croisées par des stries horizontales plus fines encore.

Glageon.

Nº 321. Coquille ressemblant au *Spirifer aperturatus*, par son aréa, son bourrelet, son sinus, sa languette ; mais les côtes, qui sont aussi larges que celle des formes précédentes, sont plus serrées et ne sont jamais bifurquées. Il lui manque donc les caractères essentiels de l'espèce, et cependant on ne peut l'en séparer.

Glageon.

Nº 67 (Planche VII). Grande coquille qui a tout à fait l'aspect d'un grand *Spirifer Orbelianus*, formes 327, 338 et 334, et qui doit peut-être leur être réunie, mais sa septième côte de droite est bifurquée, et elle ne possède, ni la languette trapézoïde, ni le bombement du sinus du *Spirifer Orbelianus*.

Glageon.

Nº 325. Grande coquille ressemblant à la précédente ; les bifurcations y sont nombreuses.

Dourbes.

La ressemblance de ces formes avec celles du *Spirifer Orbelianus* et particulièrement avec la coquille nº 334 que l'on a rapportée avec doute au *Spirifer Orbelianus*, et qui n'est peut-être qu'un *Spirifer Verneuili* pourraient conduire à supposer que les *Spirifer Orbelianus* et *aperturatus* dérivent

(1) Ardenne, p. 459 et Ann. Soc. géol. du Nord, III, p. 36.

du *Spirifer Verneuili*. En tous cas ils possèdent dans leurs types des caractères très nets et les passages ne sont que des cas extrêmes, où ces caractères sont atténués.

3° Spirifer Malaisi *nov. sp.*

Cette espèce très voisine du *Verneuili* s'en distingue parce que les côtes des ailes sont bifurquées, très fines et semblables à celles du bourrelet et du sinus.

La forme se rapproche du carré, le rapport α étant plus petit que chez tous les *Spirifer Verneuili*. L'aréa est toujours fermé ou peu ouvert.

Tous les échantillons que je possède viennent du Frasnien.

Je dédie cette espèce à mon ami, M. Malaise, si connu par ses beaux travaux sur le silurien de Belgique; je lui dois l'échantillon de Bomal, qui porte le n° 72.

Caractères zoométriques des Spirifer Malaisi

NUMÉROS	LOCALITÉS	Lg	Lr	Lr/Lg = α	H	H/Lg = β	V	v	V/v = γ	ar	ar/Lg = δ	ar/Lr = ζ	S	S/Lg = σ	Z	S/Z = φ	C
208	Roux	31	45	1.45	?		18			8	0.25	0.17					
71	Nimes	32	43	1.34	24	0.75	10	14	0.71	4	0.13	0.09	9	0.28	17	0.52	
72	Bomal	39	50	1.28	32	0.82	18	14	1.28	9	0.23	0.18	7	0.17	23	0.30	
70	Boussu en Fagne	34	41	1.20	28	0.82	16	12	1.33	3	0.08	0.07	10	0.29	21	0.47	
	Moyennes			1.31		0.70			1.10		0.17	0.12		0.24		0.43	

N° 70 (Planche VII). Cette coquille peut être considérée comme le type du groupe, sa forme plate approche du carré; sa longueur est de 34 millimètres, sa largeur de 41 et avec l'éperon de 45, ce qui donne α = 1,26; l'aréa est étroit à bords subtriangulaires; le crochet recourbé. Le bourrelet est faible, mal limité; le sinus assez profond, mais également mal limité; la languette décrit une courbe régulière. Les ailes sont courtes, celle de gauche est tronquée, celle de droite prolongée en éperon. Les côtes des ailes ressemblent à celles du sinus et du bourrelet; elles sont également fines et se multiplient également par bifurcation. Ce caractère est difficile à voir, parce que l'échantillon est usé ou encroûté; mais il suffit de suivre deux côtes et de compter les côtes intermédiaires près du crochet et sur le bord palléal; on trouve par exemple dans le premier point cinq côtes contre douze dans le second.

Boussu en Fagne (Belgique). — Frasnien.

N° 71 (Planche VII). Coquille très voisine de la précédente, mais plus basse et à languette plus étroite. On y distingue très bien sur l'aile gauche la multiplication des côtes par la naissance d'une petite côte contre une côte plus ancienne, dont elle semble sortir.

Nimes (Belgique). — Frasnien.

N° 72 (Planche VII). Coquille plus globuleuse et aréa plus ouvert. Le sinus et le bourrelet sont très mal limités. La bifurcation des côtes visible sur un point de la coquille, s'y fait d'une manière plus régulière, les deux côtes qui naissent d'un seul tronc sont égales. On y constate même une trifurcation, car une côte donne naissance presqu'au même point à trois côtes.

Bomal (Belgique). — Frasnien.

N° 298. Coquille réduite à la grande valve. Le sinus est très large, à peine déprimé, les ailes tronquées, les côtes nombreuses, bifurquées.

Roux (Belgique). — Frasnien.

C'est peut-être à cette espèce que l'on doit rapporter des Spirifères à côtes très fines que j'ai trouvées dans la couche de minerai de fer frasnien à Dave.

4° SPIRIFER ATTENUATUS *Sow.*

N° 76 (Planche VII). Cette forme se rapproche par sa forme générale du groupe des *Spirifer Verneuili*, groupe des *elongati*, mais elle en difère par des côtes très fines, très nombreuses, bifurquées. Elle se rapproche sous ce rapport du *Spirifer Malaisi*, mais ses ailes sont beaucoup plus étendues. Elle a tous les caractères attribués par J. de C. Sowerby au *Spirifer attenuatus* du calcaire carbonifère d'Irlande.

Presque tous les paléontologistes, Verneuil (1), Mac Coy (2), Dawidson (3), etc , réunissent le *Spirifer attenuatus* au *Spirifer striatus*. De Koninck qui avait contribué le premier à faire prévaloir cette opinion (4) y a renoncé ultérieurement (5). Il a probablement raison ; cependant les différences qu'il signale entre les deux Spirifères, sont de même ordre que celles qui séparent les diverses formes

(1) Géologie de la Russie et des Montagnes de l'Oural p. 167, 1845.

(2) British palæozoic fossils, 1855.

(3) British carboniferous brachiopoda p. 19, 1857.

(4) Animaux fossiles de la Belgique, p. 256, 1843.

(5) Bull. Musée royal d'Histoire naturelle de Belgique 1883, et Faune du calcaire carbonifère de Belgique, 1888.

du *Spirifer Verneuili*, et Davidson dit, qu'ayant eu entre les mains 400 individus de l'espèce, il n'a vu entre elles que les différences si communes dans toutes les espèces du règne animal.

Dimont. — Famennien ; Schistes d'Etrœungt.

Un autre échantillon a été trouvé à Guersignies près d'Avesnes, également dans les Schistes d'Etrœungt.

5° Spirifer bifidus ?

Il existe dans les schistes frasniens, de l'Ardenne, et particulièrement à Wallers (Nord) dans les schistes de la Chapelle-des-Monts (1), un Spirifer, qui se rapproche du *Verneuili* et de l'*aperturatus*. Il n'a pas les côtes bifurquées de l'*aperturatus* et il se distingue du *Verneuili* par ses côtes des ailes plus espacées et surtout par la manière dont naissent les côtes sur le bourrelet et sur le sinus. Tandis que le bourrelet primitif du *Verneuili* donne naissance par trifurcation à trois côtes, le bourrelet du Spirifère de Wallers se divise en deux par un sillon qui se prolonge jusqu'au front, comme dans le *Spirifer Bouchardi* et ses congénères. Au milieu du sinus naît un pli impair, tandis que dans le *Verneuili*, il y a production de deux plis latéraux, le centre du sinus restant libre. Donc, quand la croissance se fait régulièrement, il y a chez le Spirifère de Wallers un nombre de plis pair dans le sinus et impair sur le bourrelet, tandis que c'est le contraire dans le *Spirifer Verneuili*.

Sous ce rapport, le Spirifère de Wallers se rapproche des *Spirifer bifidus* et *zick-zack* de Rœmer. Mais dans le *Spirifer bifidus* les côtes des ailes sont dichotomes et la surface de la coquille est converte d'une fine granulation irrégulière visible seulement dans les échantillons bien conservés (2). On retrouve ces deux caractères dans un Spirifère en mauvais état, recueilli à Cerfontaine dans les schistes à Receptaculites, ils manquent dans le Spirifère de Wallers. Le premier, c'est-à-dire la bifurcation des côtes latérales, est commun, quoique pas général dans les *Spirifer bifidus* qui proviennent du calcaire à *Rhynchonella cuboïdes* des environs de Trélon. La figure du *Spirifer zick-zack* de Rœmer répond à la forme de plusieurs Spirifères de Wallers (3), mais ceux-ci n'offrent pas l'ornementation en lignes brisées ou chevrons, que le géologue allemand donne comme caractéristique. Toutefois l'absence de ces ornements, granulations ou chevrons, peut tenir à la mauvaise conservation des fossiles de l'Ardenne. Quant à la dichotomie, on a vu, par l'exemple du *Sp. aperturatus*, qu'elle peut manquer dans certains échantillons, sans que l'on soit peut-être en droit de la considérer comme un caractère

---

(1) Ardenne, p. 402, fig. 101, g.

(2) Clarke. *Die fauna des Iberger Kalkes.*

(3) Il n'en est pas de même du *Spirifer zick-zack* de Hall, Paléont. of. New-York, IV, p. 222, pl. XXXV.

exclusif. Je crois donc préférable, pour ne pas multiplier les noms, d'inscrire, provisoirement, le Spirifère de Wallers sous le nom de *bifidus ?*

Caractères zoométriques des Spirifer bifidus ?

NUMÉROS	LOCALITÉS	Lg	Lr	Lr/Lg = α	H	H/Lg = β	V	v	V/v = γ	ar	ar/Lg = δ	ar/Lr = ζ	S	S/Lg = σ	Z	S/Z = φ	C
74	Wallers	8.5	15	1.76	8	0.94	5	3	1.66	2.5	0.29	0.16	1.5	0.16	3.5	0.42	
357	Willers-en-Fag.	16	28	1.75	15.5	0.96	8.5	7	1.21	4	0.25	0.14	4	0.25	9	0.44	
353	Wallers.........	16	27	1.68	14	0.87	7.5	6.5	1.15	3	0.18	0.11					
361	Wallers.........	15	25	1.66	14	0.93	8	6	1.33	3	0.20	0.12	5	0.33	8	0.62	
350	Wallers (jeune).	10	16	1.60	9	0.90	5	4	1.25	4	0.40	0.25	2.5	0.25	4.7	0.53	
355	Cerfontaine.....	23	36	1.56	20	0.86	10	10	1	4	0.17	0.11	7	0.30	3	2.33	
360	Wallers.........	16	25	1.56	16	1	8	8	1	4.5	0.28	0.18	5	0.31	9	0.55	
351	Wallers (jeune).	7.8	12	1.53	7	0.89	4	3	1.33	2	0.25	0.16	2	0.25	3.4	0.58	
73	Wallers.........	25	37	1.48	22	0.88	12	10	1.20	9	0.36	0.24	6	0.24	13	0.46	
356	Romedenne......	9.5	7	0.73	10	1.05	6.4	3.6	1.77	2.5	0.26	0.35	2.5	0.26	4.5	0.55	
75	Trélon..........	18								4	0.22		3	0.16	11	0.27	
	Moyennes			1.53		0.92			1.29		0.26	0.18		0.25		0.47	

N° 73 (Planche VII). Coquille adulte qui ressemble à certaines variétés de *Spirifer Verneuili* et de *Spirifer aperturatus*. Il est très difficile, pour ne pas dire impossible, de la distinguer de la variété de *Spirifer Verneuili*, décrite sous le N° 255 et de la variété de *Spirifer aperturatus* qui porte le N° 321.

Le crochet est triangulaire, presque droit; l'aréa très ouvert. Les ailes portent treize côtes simples, séparées par de larges intervalles (1); il n'y en a que six sur un centimètre à deux centimètres du crochet. Sur le bourrelet, les côtes sont aussi grosses que sur les ailes; l'encroutement de cette partie de la coquille ne permet pas d'étudier leur naissance. Dans le sinus, il y a onze côtes dont une médiane; les autres naissent par bifurcation ou par intercalation.

Wallers.

N° 353. Coquille un peu plus petite, à bourrelet usé; sinus montrant une côte centrale et quatre côtes latérales, deux de chaque côté.

Wallers.

---

(1) Ce caractère est mal rendu par la figure.

N° 361. Coquille de même taille que la précédente. Bien qu'encroutė, le sinus laisse deviner cinq côtes ; il y en a quatre sur le bourrelet.

Wallers.

N° 74 (Planche VII). Forme jeune qui montre très nettement : sur le bourrelet, deux côtes médianes et deux latérales plus petites ; dans le sinus trois côtes, dont la médiane est la plus longue.

Wallers.

N° 356. Coquille également jeune présentant les mêmes caractères, avec cette différence que la côte médiane du sinus est moins visible. Les côtes des ailes sont peu nombreuses.

Romedenne (Belgique).

N° 350. Coquille jeune, encroutée sur le bourrelet; dans le sinus le mode de formation des plis est assez irrégulier ; on voit trois côtes qui se détachent des bords à des distances variables ; celle du milieu naît la première, et peut être considérée comme une côte médiane.

Wallers.

N° 357. Coquille dont le bourrelet est usé et dont le sinus montre les trois côtes caractéristiques de l'espèce ; la côte médiane est de beaucoup la moins nette.

Villers-en-Fagne (Belgique).

N° 75 (Planche VII). Cette coquille, qui vient du calcaire frasnien, répond parfaitement à la caractéristique du *Spirifer bifidus* de Roemer. Elle montre sur le bourrelet quatre côtes dont deux médianes partent du crochet et deux latérales naissent de celles-ci par bifurcation ; dans le sinus, il y a trois côtes, celles du milieu va jusqu'au crochet. Sur l'aile gauche les côtes extrêmes, à partir de la quatrième, sont bifurquées. L'aile droite est cassée (1) et ne permet pas de reconnaître si elle présente le même caractère. Cette coquille est certainement un *Spirifer bifidus*. Je la donne comme exemple, mais je n'ai aucunement l'intention de décrire les diverses formes du *Sp. bifidus* typique, du calcaire à *Rh. cuboïdes* de l'Ardenne.

Trélon ; carrière du Château-Gaillard.

N° 355. Coquille trop fruste pour être figurée, ovale oblongue, à crochet court, et à aréa très rétréci ; il occupe à peine un peu plus de la moitié de la largeur de la coquille. Le bourrelet est partagé en quatre côtes par trois sillons, un médian et deux latéraux. A ces sillons, sont opposés dans le sinus, trois côtes, une médiane et deux latérales. Les côtes des ailes sont très grosses (5 sur un centimètre à deux centimètres du crochet par trois sillons, arrondies et toutes ou presque toutes

(1) Ce caractère est mal rendu par la figure.

bifurquées. La surface de la coquille est couverte sur une petite étendue de granulations irrégulières. On doit encore appeler cet échantillon *Spirifer bifidus*.

Cerfontaine (Belgique). — Frasnien; couche à Receptaculites.

VII. — Historique et discussion des noms

1° Spirifer Verneuili.

La première mention que nous ayons du *Spirifer Verneuili*, et de ses congénères se trouve dans l'Encyclopédie Méthodique de Lamark. On y voit pl. 244, dans les trois figures 4, 5 et 6, des Spirifères, dont la coquille est couverte de côtes sur le bourrelet et sur le sinus comme sur les ailes. Aucun texte n'accompagne ces figures. Mais dans l'*Histoire naturelle des animaux sans vertèbres*, vol. VI, 1re partie, 1819, Lamark désigne l'espèce sous le nom de la *Terebratula canalifera*; il la caractérise de la manière suivante :

« Terebratula canalifera, Lk. T. Testa trigonata, gibba, longitudinaliter sulcata, sinuata; cardini recto, nate declivi.

Encyclopédie méthodique, pl. 244, f. 5.

« *Var.* testa minore, subimbricata, salcis crebrioribus.

Encyclopédie méthodique, pl. 244, f. 4. Blainville : Malac. pl. 52, f. 8, 1825.

« Cette espèce est remarquable par le canal profond, large et sillonné qui se trouve au milieu de la grande valve. Le talon de cette valve est grand, plane et finement strié perpendiculairement à la charnière qui est droite. Les pièces qui complètent le trou manquent le plus souvent et laissent voir cette grande échancrure que représente la figure citée. »

Dans la seconde édition de l'*Histoire naturelle des animaux sans vertèbres*, 1825, faite sous la direction de Deshayes, on a ajouté la note suivante : « Lamark réunit sous ce nom deux espèces bien distinctes, qui toutes deux appartiennent au genre *Spirifer* de Sowerby. »

Je ferai d'abord remarquer que *Terebratula canalifera* est un nom de Lamark et non de Valenciennes, comme l'a fait croire Davidson.

La figure 4 représente certainement le *Spirifer Verneuili*; quant à la figure 5, elle serait d'après Davidson (1) le Spirifère que Schlotheim a appelé depuis le *Spirifer aperturatus*. Cependant on n'y

(1) Davidson. — Ann. of. Nat. history, 2e s. v. p. 850 p. 442.

voit pas les côtes bifurquées et les larges intervalles entre les côtes qui caractérisent le *Spirifer aperturatus* (1). Par la faute du graveur peut-être, la figure représente un *Spirifer Verneuili* et la description lui convient :

En 1840, parurent deux descriptions paléontologiques très importantes, contenant plusieurs formes des Spirifères en question et leur donnant des noms différents. Murchison (2) les appelait *Spirifer Lonsdali, Verneuili, Archiaci,* tandis que James Sowerby (3) leur appliquait les noms de *Spirifera calcarata, disjuncta, inornata, extensa, gigantea.* Ces appellations multiples, produites en même temps, ont créé une fâcheuse synonymie. On est généralement d'accord qu'il y a lieu de réunir tout ces Spirifères en une seule espèce, mais les uns lui appliquent le nom de *disjunctus* Sow. et les autres celui de *Verneuili* Murch.

Le célèbre mémoire où Sedgwick et Murchison établissent leur système dévonien : *Physical structure on older stratified deposits of Devonshire* fut lû pour la seconde partie à la Société géologique de Londres, le 24 avril 1839, et ne fut publié qu'en 1840. Dans le texte (p. 694), les Spirifères du dévonien supérieur sont désignés sous les noms de *attenuatus* et *bisulcatus*. Mais dans la liste qui termine le mémoire et qui porte la date du 30 mai 1840, on voit les noms de *Spirifera calcarata, disjuncta, inornata, extensa, gigantea.* Ce sont ces noms qui figurent dans les courtes diagnoses qui accompagnent les planches de fossiles et qui sont dues à James Sowerby ; elles sont aussi datées de mai 1840.

Ces diverses espèces sont établies sur des moules internes ou externes en mauvais état, quelquefois cassés, le plus souvent écrasés et déformés. Une seule figure (pl. 54, f. 13) représente sous le nom de *Spirifera disjuncta*, un individu assez bien conservé du groupe des *hemicycli*. Cependant on n'y distingue pas la différence de grosseur presque constante entre les côtes du bourrelet et celles des ailes. La bifurcation des premières n'est indiquée ni dans les figures, ni dans la diagnose. Le fossile est comparé au *Spirifera bisulcata*.

Lorsque Lonsdale communiqua le 25 mars 1840, à la Société géologique de Londres, ses notes sur l'âge des calcaires du Devonshire : *On the age of the limestone of south Devon. (Trans. of the geol. Society of London)*, il donna une liste des fossiles établie en partie par l'étude de la collection Hennah, avec l'aide de J. Sowerby ; on peut être étonné de ne pas y voir figurer les nouveaux noms que Sowerby allait faire paraître un mois plus tard. Cependant Lonsdale avait déjà reconnu les caractères du *Spirifer Verneuili*. En citant les fossiles du système calcareux inférieur de Belgique, il mentionne *Spirifer attenuatus*, et il ajoute en note (p. 733) : « La coquille appelée *Spirifera attenuata* sur le continent

(1) Gosselet. — De l'usage du droit de priorité et de son application aux noms de quelques Spirifères, Ann. soc. géol. du Nord, VII, p. 122.

(2) Murchison : Bull. soc. géol. de France, XI, p. 251.

(3) J. Sowerby in Sedgwick et Murchison : Transaction Geological Society of London, tab. 53.

est un des fossiles les plus caractéristiques des couches en question, car il est noté dans toutes les listes publiées ; mais il diffère essentiellement du *Spirifera attenuata* du calcaire carbonifère par ses côtes simples et régulières sur les ailes, et par la projection plus grande du pli central (bourrelet) de la valve supérieure. »

Quelques pages plus loin (p. 735), il annonce qu'il a vu ce *Spirifera attenuata*, parmi les fossiles du Boulonnais de la collection Dutertre-Yvart.

Murchison, parti de Londres immédiatement après la séance du 25 mars, lut sa note sur le terrain dévonien du Boulonnais à la Société géologique de France le 6 avril et rédigea, pendant son séjour en France, la partie paléontologique de son mémoire, où il décrivit les Spirifères du Boulonnais, avec l'aide de Verneuil et de d'Archiac (1). L'illustre géologue reconnut très bien leur caractère commun déjà signalé par Lonsdale, la simplicité des côtes sur les ailes et leur bifurcation sur le bourrelet et dans le sillon. Il en fit trois espèces.

Spirifer Lonsdalii (fig. 2). Forme dont l'aréa est à bord subparrallèles et dont les ailes sont terminées en pointes. Elle est en outre caractérisée par ses côtes qui seraient divisées en trois par deux stries longitudinales. Ce dernier caractère paraît tenir à l'altération du test, qui aurait fait disparaître le milieu des côtes.

Spirifer Verneuili (fig. 3). Forme d'assez grande taille, à aréa ouvert; elle présente un grand nombre de variétés. Murchison la compare au *Spirifer attenuatus* ; il cite sa ressemblance avec la *Terebratula canalifera*, fig. 4, de l'Encyclopédie Méthodique et ajoute qu'il lui donne un nom nouveau pour la distinguer de la *Terebratula canalifera* fig. 5.

Spirifer Archiaci (fig. 4) Forme plus globuleuse, à aréa presque fermé (au moins dans la figure).

Les deux premiers noms de chaque liste, *Spirifer calcaratus* et *Lonsdalii*, étant écartés, comme établis sur des échantillons incomplets et altérés ; on peut se demander lequel a la priorité du *Spirifer Verneuili* Murch. ou du *Spirifer disjunctus* Sow. ?

Les deux mémoires ont été faits en même temps et d'une manière indépendante, mais non sans que les auteurs se soient communiqués leurs résultats.

Murchison possédait déjà les planches, sinon les noms de Sowerby, puisqu'il les présenta à la Société géologique de France (2), d'un autre côté, Sowerby nous apprend lui-même que lorsqu'il rédigea la diagnose de ses fossiles, il connaissait le *Spirifer Verneuili*.

Il dit à propos du *Spirifera gigantea* (pl. 55, fig. 1 à 4) : « Les côtes sont à peu près aussi nombreuses que dans le *Spirifer Verneuili*, et sont très régulières. »

---

(1) Murchison. — *Description de quelques-unes des coquilles fossiles des couches dévoniennes du Boulonnais*, Bull. soc. géol. de France, 1r s., XI, p. 250 pl. II.

(2) Bull. Soc. Géol. Fr., 1re s. XI, p. 233.

Donc, si Murchison avait vu les fossiles et les planches de Sowerby, celui-ci connaissait les fossiles et les noms de Murchison. Mais l'un et l'autre n'ont pas su reconnaître l'identité spécifique entre les moules d'Angleterre et les fossiles bien conservés du Boulonnais.

Si on passe à l'examen du fait de la publication, il est bien difficile de savoir maintenant lequel fut livré au commerce le premier, la livraison de la Société géologique de France ou le volume de la Société géologique de Londres.

Les paléontologistes se sont partagés et se partagent encore sur les deux noms.

En 1841, dans sa description des fossiles du Devonshire, Phillips accepta les noms de Sowerby et en ajouta un autre. *Spirifera grandæva* que l'on rapporte en général au *Verneuili*, mais qui s'en distingue par la grosseur des côtes. Une autre forme, (pl. 29, fig. 129 *a* et *b*), nommée *disjunctus* par Phillips, doit aussi s'en séparer parce que les côtes des ailes sont dichotomes, au moins dans la figure.

Les planches de Phillips représentent comme celles de Sowerby des fossiles incomplets et déformés. Ses diagnoses sont très courtes et ne permettent pas de reconnaître les caractères essentiels.

De Koninck (1) fut un des premiers à proposer la réunion de toutes ces espèces en une seule. Mais il émit aussi l'opinion qu'elles sont identiques au *Spirifer lineatus* de Duddley, espèce que de Buch avait assimilée au *Spirifer striatissimus* de Schlotheim et il conclut que ce dernier nom de *striatissimus*, qui est le plus ancien, doit prévaloir.

Cette dernière partie de l'opinion de De Koninck doit être abandonnée ; mais la première est encore celle de presque tous les paléontologistes.

En 1845, de Verneuil dans sa description de fossiles de Russie (2), croyait encore que l'on pouvait distinguer les diverses espèces de Murchison entre elles et de celles de Sowerby. Il donne comme caractères distinctifs du *Spirifer disjunctus* par rapport au *Verneuili* sa forme quadrangulaire, le peu de saillie du bourrelet et les bords subparallèles de l'aréa. Sa figure représente un Spirifère de notre groupe des *hemicycli* à aréa étroit.

De Verneuil ne cite pas le *Spirifer Verneuili* en Russie ; il rapporte tous les fossiles analogues aux *Spirifer disjunctus*, *Archiaci* et à une nouvelle espèce le *Spirifer lenticulum*. Pour lui, *Spirifer Archiaci* de Russie est très inconstant de forme ; il y signale quatre variétés, l'une (f. 5, a, b, c, d) très voisine du *Verneuili*, la seconde (f. 5, f, g) à aréa plus élevé, très commune en Russie, la troisième (f. 5, h). à aréa plus élevé encore ; la quatrième également à aréa élevé rentre par sa forme générale dans notre

(1) De Koninck. *Descrip. des animaux fossiles du terr. carbonifère de Belgique.* 1842-51, p. 254.

(2) Murchison, De Verneuil, De Keyserling, *Géologie de la Russie d'Europe et des Montagnes de l'Oural.* Tome II, Paléontologie.

groupe des *proquadrati*. De Verneuil fait observer que tous les Spirifères ont un aréa élevé, ce qui les distingue du *Spirifer Archiaci* figuré par Murchison ; mais il juge que ce caractère n'a pas d'importance, car il est tout aussi variable dans le *Spirifer Verneuili*. Il déclare que ces espèces se séparent du *Spirifer Verneuili* par leur taille plus petite et par leur forme moins transverse et moins ailée.

Le *Spirifer tenticulum* a un aréa plus grand encore que le *Spirifer Archiaci*, un bourrelet plus plat et des plis plus gros.

Dans ce travail, de Verneuil dit positivement que les descriptions de Sowerby sont postérieures à celles de Murchison (1).

Tous les paléontologistes qui vinrent ensuite acceptèrent la réunion des espèces proposées par de Koninck, adoptant les uns le nom de *Verneuili* : Schnur (2), Quenstedt (3), Kayser (4), Barrois (5), les autres le nom de *disjunctus* : Eichvald (6), Rœmer (7), Hall (8). Sandberger (9) préféra le nom de *calcaratus*. Davidson, qui s'était d'abord servi du terme de *disjunctus* (10), prit celui de *Verneuili* (11), après avoir reconnu, dit-il, que ce dernier a quelques mois d'antériorité.

Murchison, il est vrai, avait déclaré lui-même dans *Siluria*, 3e édition, que le nom de *disjunctus* était plus ancien que celui de *Verneuili*, mais il n'en donnait aucune preuve. Les motifs de son abnégation d'auteur, qui pouvaient être en partie sa reconnaissance pour Sowerby qui avait décrit ses mauvais fossiles, ne doit pas influer sur le jugement définitif. Car il ne s'agit pas de savoir à quelle époque le nom a été donné par l'auteur, mais à quelle époque il a été publié.

En résumé, la question d'antériorité ne pouvant pas être résolue, ou étant au moins bien discutable, on doit choisir comme autorité entre les bonnes figures et les bonnes descriptions de Murchison ou les mauvaises figures de Sowerby, dont une seule est à peine déterminable et qui ne sont accompagnées que de quelques mots de diagnose, où l'on ne trouve même pas mentionné le caractère fondamental de l'espèce, la simplicité des côtés sur les ailes.

Dans l'incertitude, il y a lieu, ce me semble, lorsqu'il s'agit d'un fossile de premier ordre, caractéristique du dévonien supérieur, de lui conserver le nom qui rappelle le géologue qui a fait tant de

---

(1) Loc. cit. p. 156.

(2) *Brachiopoda Eifel*, p. 37 (1853).

(3) *Petrefactenk. Deutschland*, II, p. 503 (1871).

(4) *Brach. mit. ober. Devon.* Eifel, p. 587 (1871), et *China* in v. Richtofen, IV, p. 88 (1883).

(5) *Recherches sur les terrains anciens des Asturies*, p. 257 (1882).

(6) *Lethæa Rossica*, I, p. 711 (1860).

(7) *Beitr. Geol. Kennt. Harzgeb.*, p. 4 (1862).

(8) *Paleontologie of New York*, t. V, p. 243 (1867).

(9) *Die versteinerungen des Rheinischen Schichtensystem in Nassau*, p. 320 (1856).

(10) Quart. journ. geol. soc., IX, p, 354 (1853). *British Brachiopoda*, III, p. 24 (1864).

(11) Quart. journ. geol. soc., XXVI, p. 78, pl. IV, fig. 19, 20 (1869). *Brachiopoda of the Budleigh Salterton pebbles-bed* Paleont. Society (1882) ; *Supplement to the British devonian Brachiopoda*, p. 35 (1882).

travaux sur le terrain dévonien, qui, le premier, a établi les relations des terrains anciens d'Amérique avec ceux du vieux continent, qui a contribué enfin pour beaucoup à faire de la paléontologie la base des études géologiques.

Au point de vue de la division des Spirifères du groupe du *Verneuili* en espèces et en variétés distinctes, l'opinion des Géologues russes est intéressante à consulter, parce qu'ils ont eu l'occasion d'en observer une grande quantité, les diverses formes de ces Spirifères se trouvant en abondance dans plusieurs assises du dévonien supérieur, qui couvrent de vastes surfaces dans l'empire russe.

On a vu que de Verneuil avait reconnu trois espèces : *disjunctus, Archiaci, tenticulum* et qu'il divisait le *Sp. Archiaci* en quatre variétés. Abich (1) distingua aussi trois espèces qu'il nomma *Archiaci, calcaratus, Verneuili.*

Romanowski (2) fit quatre espèces : *Archiaci, disjunctus, calcaratus, aquilinus.*

M. Tschernyschew (3) est partisan de la séparation du *Spirifer Archiaci* et du *Spirifer disjunctus*, bien qu'on les rencontre dans un seul et même horizon, et qu'il y ait entre eux une série de transitions graduelles. Il les distingue par les caractères suivants : tandis que l'aréa est formé par un canal à bords parallèles chez le *Sp. disjunctus*, il est grand et triangulaire chez le *Sp. Archiaci*; le premier a la forme trapézoïde, les ailes terminées par des éperons; le second a fréquemment une forme ovoïde la plus grande largeur étant au-dessous de la charnière. M. Tschernyschew pense en même temps que le *Spirifer Verneuili*, tel que l'a décrit et figuré Murchison, doit rentrer dans la même espèce que le *Sp. Archiaci*, mais qu'il est moins commun en Russie.

Dans un travail paléontologique très remarquable, M. le professeur Wenjukoff (4) consacra plusieurs pages et de nombreuses figures à un ensemble de Spirifères, qu'il désigna sous le nom de groupe du *disjunctus*. Il reconnut que tous ces Spirifères passent de l'un à l'autre par des transitions insensibles. Néanmoins, il distingua quatre types principaux, qu'il désigna sous les noms de *Verneuili* (pl. III, f. 4; pl. IV, f. 1), d'*Archiaci* (pl. III, f. 2, 5, 7; pl. IV, f. 1, 3), de *tenticulum* (pl. III, f. 1, 3), de *Brodi* (pl. III, f. 6; pl. IV, f. 2).

Il constata que ces formes types, bien que différentes à première vue, se relient entre elles de manière à ne pouvoir pas être séparées.

---

(1) Abich. — *Geol. grundzüge Kauk. geb.* 1858, p. 164, 165, pl. II, f. 1, 2, 3.

(2) Romanoski. — *Mat. geol. Turk.*, 1878, I, p. 119-122, pl. XIV, f. 5-6; pl. XV, f. 1, 2, 3.

(3) Tschernischew. — *Matériaux pour la connaissance des dépôts dévoniens de Russie.* Mém. du Comité géologique russe, 1884, I, no 3; *La faune du dévonien moyen et supérieur sur les pentes ouest de l'Oural.* Mem. du Comité géologique, 1887, III, no 3 (en russe).

(4) Wenjukoff. — *La faune du système dévonien dans le nord-ouest et le centre de la Russie*, 1886, p. 64 (en russe).

La forme la plus générale est le *Verneuili*. Elle est trapézoïde ; son sinus est peu profond ; l'aréa plus ou moins ouvert, à bords parallèles (pl. III, f. 4), ou sub-triangulaire (pl. IV, fig. 1).

Ce type varie de la manière suivante : la largeur devient moindre, tandis que la longueur augmente ; la coquille devient plus gibbeuse, plus quadrangulaire ; ses ailes s'émoussent et tombent perpendiculairement à la coquille. En même temps l'aréa devient plus élevé et triangulaire, la grande valve prend une forme bossue, tout en maintenant son crochet courbé vers l'aréa. On passe ainsi au *Spirifer Archiaci*.

Dans le *Spirifer Archiaci*, les valves sont plus convexes que dans le *Verneuili*, surtout la valve ventrale ; les ailes sont moins grandes, quelquefois elles s'arrondissent. L'aréa est plus ou moins élevé, triangulaire, arqué ou presque vertical, toujours plus grand que dans le *Verneuili*. C'est le caractère principal qui les distingue. La taille est généralement plus petite que celle du *Verneuili*.

M. Wenjukoff passe ensuite en revue les variations de *Spirifer Archiaci*. Il arrive que la valve ventrale devient plus convexe, que le crochet se courbe davantage sur l'aréa, que les ailes ne se prolongent pas en pointes, mais au contraire s'arrondissent de manière à ce que la plus grande largeur de la coquille est sous l'aréa ; celui-ci a la forme triangulaire.

Quand ces caractères s'exagèrent, que la forme devient plus convexe et les ailes plus arrondies, on a le Spirifère nommé par l'auteur *Spirifer Brodi*.

Des changements différents modifient le *Spirifer Archiaci* dans une autre direction. Le *Spirifer tenticulum* s'en distingue essentiellement par son aréa plus élevé. La plus grande largeur de la coquille est à la charnière et les ailes s'étendent en pointes. L'aréa est droit et triangulaire dans les formes types, un peu arqué dans des formes voisines. La grande valve est bombée, aiguë au sommet, triangulaire ; le bourrelet est peu marqué.

De ces comparaisons très détaillées, le Prof. Wenjukoff conclut que tous les Spirifères de son groupe du *disjunctus* sont unis par des liens de parenté. Il se trouve ainsi conduit à se demander quelle est la forme la plus ancienne.

La comparaison zoologique des fossiles ne lui donnant aucune réponse satisfaisante, il a cherché la solution du problème dans la distribution géographique. Là encore, il a rencontré des difficultés dues à la grande extension du fossile en Russie.

D'une longue discussion des divers horizons russes, il conclut que la forme qui se trouve dans les couches dévoniennes les plus anciennes est le *Spirifer Archiaci*. Ce n'est cependant pas la forme type de l'*Archiaci*. Cette ancienne forme possédait déjà les caractères du *Spirifer Verneuili*. Dans l'horizon moyen du dévonien, on voit cette ancienne forme passer aux formes voisines. Quand son aréa devient large et droit, elle passe au *tenticulum* ; quand les ailes se développent, elle donne le *Verneuili*. Quant au *Spirifer Brodi*, il ne s'est développé que plus tard.

Ainsi le *Spirifer Archiaci* serait le plus ancien groupe et en même temps le groupe central vers lequel convergent tous les autres.

2° Spirifer aperturatus.

On a vu plus haut qu'en 1819, Lamarck désigna la fig. 5, de la planche 244, de l'Encyclopédie méthodique, comme le type de *Terebratula canaliculata*. L'année suivante (1820), Schlotheim donna le nom de *Terebratulites aperturatus* à un fossile pour lequel il renvoya à la même figure de l'Encyclopédie (1). Deux ans plus tard, en 1822, il en publia (2) une autre figure, en disant (p. 67), ce qui est parfaitement vrai, qu'elle est meilleure que ce qui avait paru jusqu'alors. On y voit tous les caractères de l'espèce : des côtes séparées par de larges intervalles et dont quelques-unes sont dichotomes, ainsi que le treillissage des parois du sinus. Le nom de Schlotheim fut accepté par tous les paléontologistes.

En 1850, Davidson, après avoir étudié les collections de Lamarck au Muséum de Paris et dans le musée Delessert, déclara que l'espèce figurée par l'Encyclopédie, fig. 5, était le Spirifère si connu à Paffrath sous le nom de *Spirifer aperturatus*, et il dit, qu'au nom de la loi de priorité, on devait lui restituer l'appellation de *Spirifer canaliculatus*, Valenciennes. On peut s'étonner à bon droit de ce que vient faire ici Valenciennes. Lamarck dit positivement dans sa préface du tome VI, 1re partie, de l'*Histoire naturelle des animaux sans vertèbres*, où figure pour la première fois le nom de *Terebratula canaliculata*, qu'il a fait lui-même toute cette partie. Si sa cataracte le força quelquefois de recourir à des yeux étrangers, Valenciennes l'aida peut-être en qualité de préparateur anonyme, mais Lamarck n'ayant pas fait précisément l'éloge des yeux étrangers auxquels il dût s'adresser, il valait mieux ne pas substituer sans preuve la garantie de Valenciennes à celle du grand naturaliste. Il y a plus, le nom de *Terebratula canalifera* est écrit de la main même de Lamarck sur un Spirifère de la collection du Muséum, qui est bien le *Spirifer aperturatus* de Schlotheim ; Lamarck est donc le véritable auteur du nom.

Mais il y a à envisager un autre côté de la question, la diagnose et la figure de Lamarck convenant au *Spirifer Verneuili* et non au *Spirifer aperturatus*, doit-on appliquer à ce dernier le nom de Lamarck ? Je ne le crois pas ; toutefois si l'opinion opposée prévalait, je n'y verrais aucun inconvénient.

---

(1) *Die Petrefactenkunde*, p. 258.
(2) *Nachträge*, pl. XVIII.

VIII. — Conclusions

De la comparaison des diverses formes du *Spirifer Verneuili*, soit entre elles, soit avec les espèces voisines, on peut conclure que ce Spirifère est une espèce très polymorphe, dont tous les éléments varient, sauf le caractère des côtes, qui restent toujours simples sur les ailes, tandis qu'elles se multiplient par bifurcation ou par intercalation sur le bourrelet et sur le sinus.

Il y a des passages insensibles entre toutes ces variétés. Les coupures que l'on chercherait à y établir, ne peuvent être qu'artificielles. Non seulement elles se relient les unes aux autres d'une manière graduelle, mais le même individu passe successivement de l'une dans l'autre pendant le cours de son existence. On doit ajouter qu'elles ne sont pas cantonnées à un niveau géologique spécial.

Il faut faire une exception pour les Spirifères à grandes ailes de Barvaux, qui semblent propres à un faciès du Frasnien supérieur (1).

Ces Spirifères ne sont pas seulement caractérisés par le grand allongement des ailes, mais aussi parce que leurs côtes sont couvertes d'écailles imbriquées, relevées en forme de petits tubercules. Toutefois, si cette particularité concorde souvent avec l'allongement des ailes, elle ne l'accompagne pas nécessairement.

Je ne crois donc pas qu'il faille établir des variétés dans l'espèce dite *Spirifer Verneuili*, mais plutôt des groupes de formes. Ces groupes se distinguent essentiellement des variétés zoologiques parce qu'un même individu peut passer successivement par plusieurs d'entre eux avant d'arriver à sa forme définitive.

C'est dans la partie supérieure du Frasnien, c'est-à-dire au milieu de sa durée spécifique, que le *Spirifer Verneuili* présente les variations les plus étendues. C'est alors qu'il est en quelque sorte dans toute sa sève, que la richesse des formes se joint à la puissance du nombre. Il peuplait les mers, l'emportant en quantité sur tous les autres fossiles, *l'Atrypa reticularis* excepté. Cependant aucune de ces formes ne donne naissance à une espèce nouvelle, pas même à une variété constante. Les formes un peu remarquables paraissent plutôt des variétés locales ; elles constituent une sorte de tribu ou de famille physiologique, ayant son cercle d'habitat, mais qui ne se propage, ni dans le temps, ni dans l'espace.

---

(1) On les trouve dans certaines couches de la région du Nord du Bassin de Dinant, que j'ai rapportées au Famennien, mais qui pourraient bien représenter les schistes de Barvaux.

Le Famennien inférieur est déjà moins riche en variétés que le Frasnien. Quand on s'élève dans l'étage, le *Spirifer Verneuili* présente de plus en plus des caractères intermédiaires. Il s'éteint enfin, dans le Famennien supérieur, sans qu'il soit possible d'admettre qu'il s'est transformé en une autre espèce. Est-il l'ancêtre du *Spirifer attenuatus* et des Spirifères du groupe du *Mosquensis*? C'est possible, car la différence des deux types n'est pas extrême; mais il n'y a pas de passage de l'un à l'autre. Dès que le *Spirifer attenuatus* se montre, il revêt immédiatement ses caractères distinctifs : toutes les côtes des ailes sont bifurquées. Or, jamais dans les couches inférieures aux schistes d'Etrœungt, le *Spirifer Verneuili* n'a montré un indice de la bifurcation des côtes, jamais, malgré ses nombreuses variations, il n'a présenté une tendance à passer à l'*attenuatus*; s'il y a filiation, la transformation a été rapide et complète.

On ne peut en dire autant des rapports du *Spirifer Verneuili* avec les *Spirifer Orbelianus* et *aperturatus*. Les caractères qui distinguent ces deux espèces sont assez peu importants et lorsqu'ils s'atténuent, elles deviennent presque des *Verneuili*. On pourra discuter s'ils doivent être considérés comme des espèces ou de simples variétés, le passage de l'un à l'autre n'en reste pas moins acquis et leur filiation est une hypothèse fondée.

Il n'en est que plus curieux de constater que ces deux espèces ou variétés se produisent brusquement à la même époque dans tout le bassin, qu'elles ne sont précédées d'aucune tentative de l'espèce pour acquérir ces formes nouvelles, qu'elles naissent lorsque le *Spirifer Verneuili* ne s'était encore prêté à aucune variation importante et possédait toute son uniformité primitive, qu'elles disparaissent enfin très rapidement et aussi brusquement qu'elles sont venues, et que leurs descendants, s'ils en ont laissés, sont rentrés dans le type général de l'espèce *Verneuili*.

Quant au Spirifère nommé *bifidus*, s'il présente quelques formes que l'on peut rapprocher du *Verneuili*, il en diffère par un caractère essentiel qui se manifeste même dans le jeune âge. On doit aussi considérer que ces formes de passage, à détermination douteuse, ne se produisent que lorsque le véritable *Spirifer bifidus* du calcaire frasnien va disparaître de l'arène géologique, au moins dans l'Ardenne.

Lille. — Imprimerie Liégeois-Six. — 43750.

PLANCHES

AVIS

Dans les planches II à VII, les vues de profil et de front sont simplement esquissées et très légèrement teintées.

Les profils sont placés comme il a été indiqué précédemment, page 9, la grande valve inférieurement. Cette disposition a l'avantage de faire ressortir le caractère operculiforme de certaines petites valves.

C'est par erreur que quelques figures d'aréa ont le crochet en bas, il devrait être en haut.

PLANCHE I

Fig. 1 **Spirifer Verneuili,** groupe des **elongati.** — Barvaux, Frasnien supérieur, page 13 : — 1a *face;* 1b *dos;* 1c *profil.*

Fig. 2 **Spirifer Verneuili,** groupe des **elongati.** — Barvaux, Frasnien supérieur, p. 13 : — 2a *face;* 2b *dos;* 2c *profil.*

Fig. 3 **Spirifer Verneuili,** groupe des **elongati.** — Barvaux, Frasnien supépieur, p. 13 : — 3a *face;* 3b *dos;* 3c *profil.*

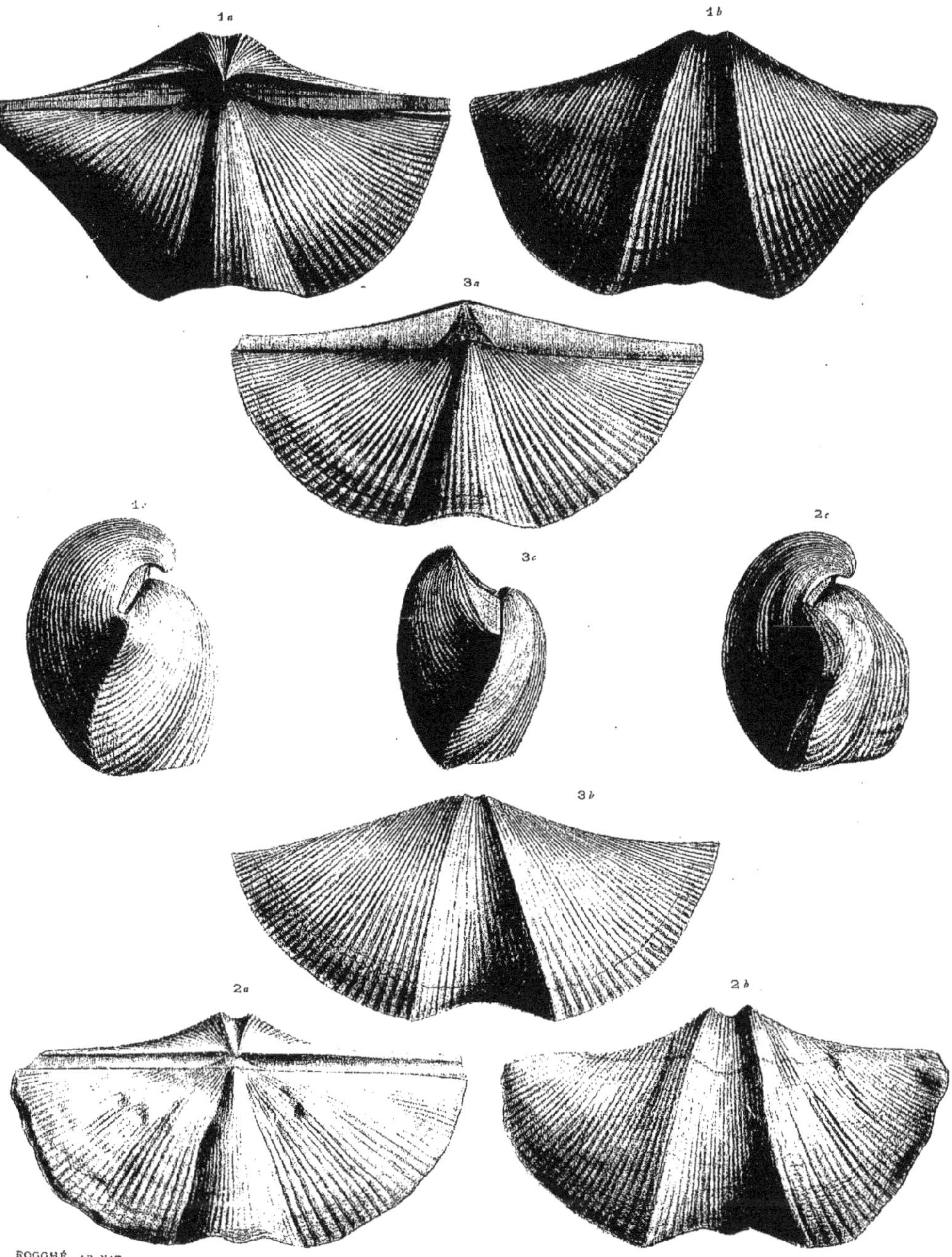

ROGGHÉ, AD NAT.

PLANCHE II

Fig. 4 **Spirifer Verneuili,** groupe des **cylindrici.** — Barvaux, Frasnien supérieur, p. 17 : — 4a *face*; 4b *dos*; 4c *front.*

Fig. 5 **Spirifer Verneuili,** groupe des **cylindrici.** — Barvaux, Frasnien supérieur, p. 18 : — *face.*

Fig. 6 **Spirifer Verneuili,** groupe des **attenuati.** — Barvaux, Frasnien supérieur, p. 16 : — 6a *face*; 6b *ornements des côtes.*

Fig. 7 **Spirifer Verneuili,** groupe des **elongati.** — Barvaux, Frasnien supérieur, p. 13 : — *face.*

Fig. 8 **Spirifer Verneuili,** groupe des **attenuati.** — Barvaux, Frasnien supérieur, p. 16 : — *face.*

Fig. 9 **Spirifer Verneuili,** groupe des **attenuati.** — Barvaux, Frasnien supérieur, p. 15 : — 9a *face*; 9b *dos.*

Fig. 10 **Spirifer Verneuili,** groupe des **obovati.** — Barvaux, Frasnien supérieur, p. 20 : — 10a *face*; 10b *front.*

Fig. 211 **Spirifer Verneuili,** groupe des **cylindrici.** — Barvaux, Frasnien supérieur, p. 17 : — *Ornements des côtes d'un Spirifer très semblable au nº 4.*

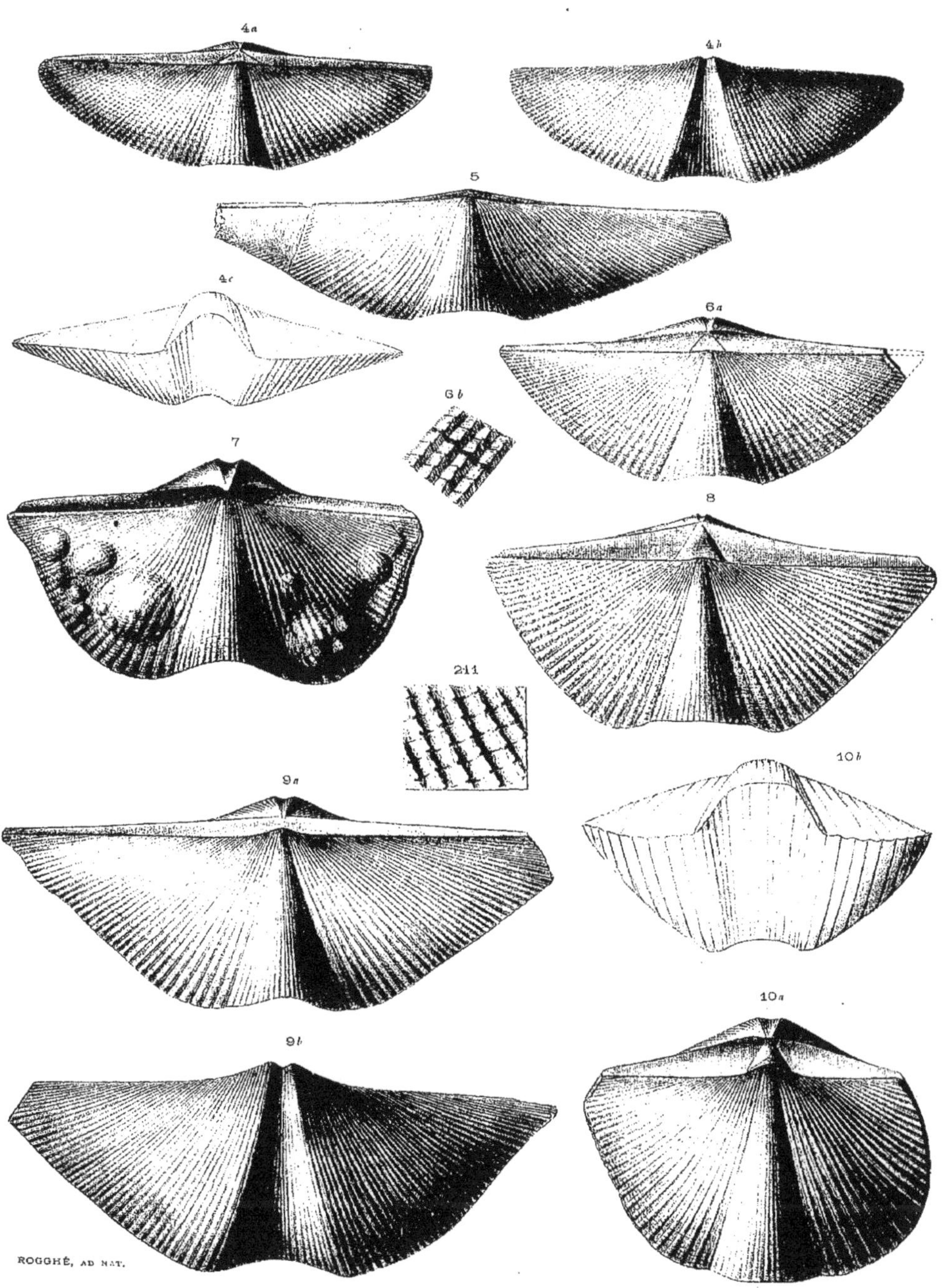

ROGGHÉ, AD NAT.

PLANCHE III

Fig. 11 **Spirifer Verneuili**, groupe des **hemicycli**. — Barvaux, Frasnien supérieur, p. 19 : — *face*.

Fig. 12 **Spirifer Verneuili**, groupe des **obovati**. — Barvaux, Frasnien supérieur, p. 20 : — 12 a *face*; 12 b *front*; 12 c *profil*.

Fig. 13 **Spirifer Verneuili**, groupe des **hemicycli**. — Barvaux, Frasnien supérieur, p. 19 : — 13 a *face*; 13 b *dos*; 13 c *front*.

Fig. 14 **Spirifer Verneuili**, groupe des **hemicycli**. — Barvaux, Frasnien supérieur, p. 19 : — 14 a *face*; 14 b *dos*; 14 c *front*; 14 d *profil*.

Fig. 15 **Spirifer Verneuili**, groupe des **attenuati**. — Lompret, Frasnien, p. 22 : — 15 a *face*; 15 b *aréa*; 15 c *profil*.

Fig. 16 **Spirifer Verneuili**, groupe des **attenuati**. — Ferques, Frasnien, p. 22 : — *aréa*.

Fig. 17 **Spirifer Verneuili**, groupe des **elongati**. — Stolberg, Frasnien, p. 25 : — *face*.

Fig. 18 **Spirifer Verneuili**, groupe des **elongati**. — Lompret, Frasnien, p. 25 : — *aréa*.

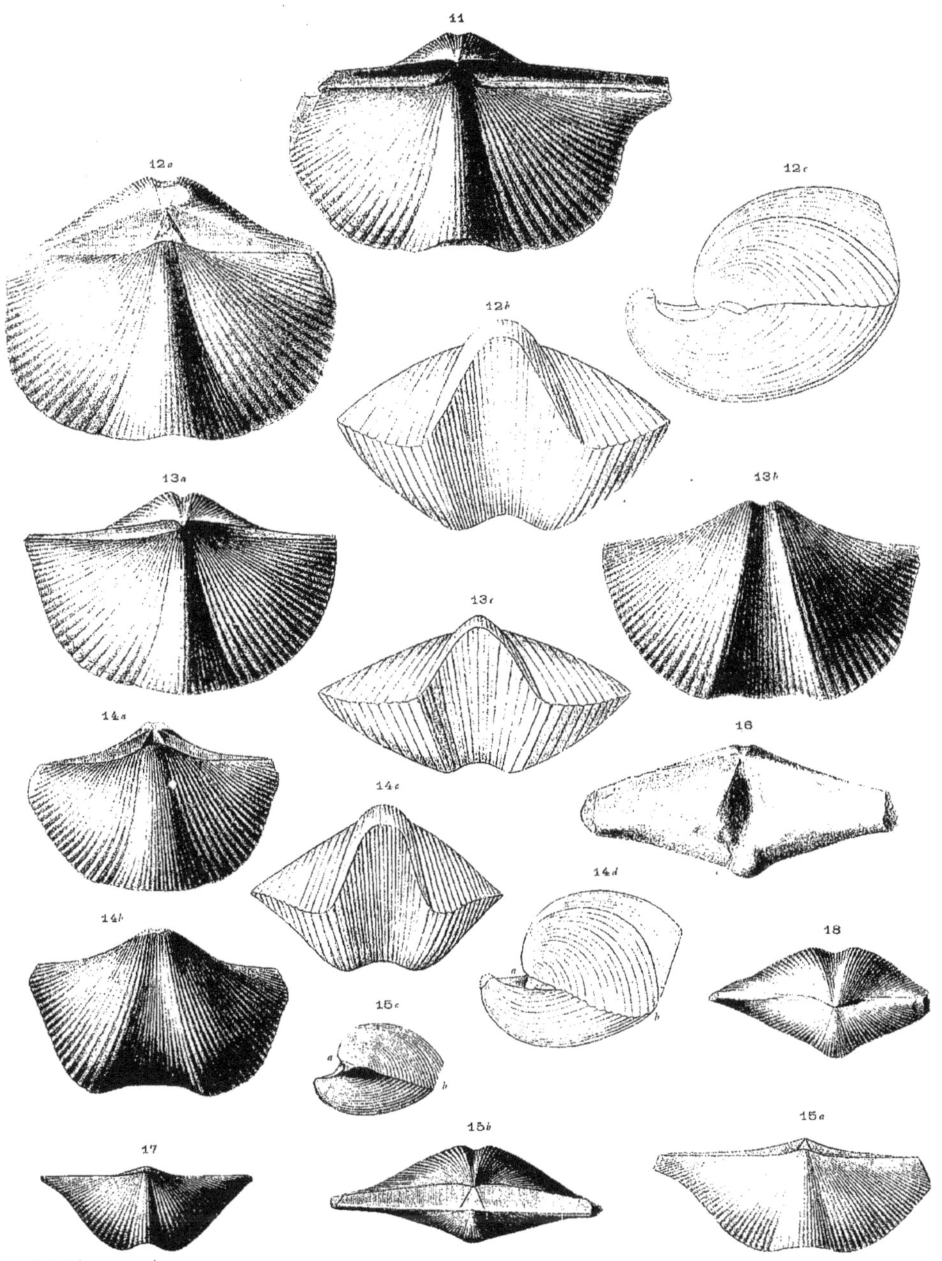

ROCCHÉ, AD NAT.

PLANCHE IV

Fig. 10 **Spirifer Verneuili**, groupe des **obovati**. — Barvaux, Frasnien supérieur, p. 20 : — 10c *dos*.

Fig. 19 **Spirifer Verneuili**, groupe des **attenuati**. — Barvaux, Frasnien supérieur, p. 16 : — *face*.

Fig. 20 **Spirifer Verneuili, groupe des elongati**. — Lompret, Frasnien, p. 23 : — 20a *face* ; 20b *dos* ; 20c *profil* ; 20d *front*.

Fig. 21 **Spirifer Verneuili**, groupe des **elongati**. — Stolberg, Frasnien, p. 24 : — 21a *face* ; 21b *dos* ; 21c *aréa*.

Fig. 22 **Spirifer Verneuili**, groupe des **elongati**. — Senzeille, Famennien, p. 24 : — *face*.

Fig. 23 **Spirifer Verneuili**, groupe des **elongati**. — Somme-Leuze, Famennien, p. 25 : — 23a *face* ; 23b *aréa*.

Fig. 24 **Spirifer Verneuili**, groupe des **hemicycli**. — Ferques, Frasnien, p. 27 : — 24a *face* ; 24b *dos* ; 24 *front* ; 24d *profil*.

Fig. 25 **Spirifer Verneuili** groupe des **hemicycli**. — Ballâtre, Frasnien, p. 27 : — 25a *face* ; 25b *profil*.

Fig. 26 **Spirifer Verneuili**, groupe des **hemicycli**. — Givet, Frasnien, p. 29 : — 26a *face* ; 26b *front* ; 26c *aréa* ; 26d *profil*.

Fig. 27 **Spirifer Verneuili**, groupe des **hemicycli**. — Beaulieu, Frasnien, p. 29 : — *face*.

Fig. 28 **Spirifer Verneuili**, groupe des **hemicycli** — Nimes, Frasnien, p. 28 : — *face*.

Fig. 29 **Spirifer Verneuili**, groupe des **proquadrati**. — Senzeilles, Famennien, p. 31 : — 29a *face* ; 29b *aréa*.

Fig. 30 **Spirifer Verneuili**, groupe des **hemicycli**. — Sains, Famennien, p. 29 : — *face*.

Fig. 31 **Spirifer Verneuili**, groupe des **obovati**. — Hucorgne, Frasnien, p. 33 : — *profil*.

Fig. 40 **Spirifer Verneuili**, groupe des **elongati**. — Stolberg, Frasnien, p. 95 : — 40a *face* ; 40b *profil*.

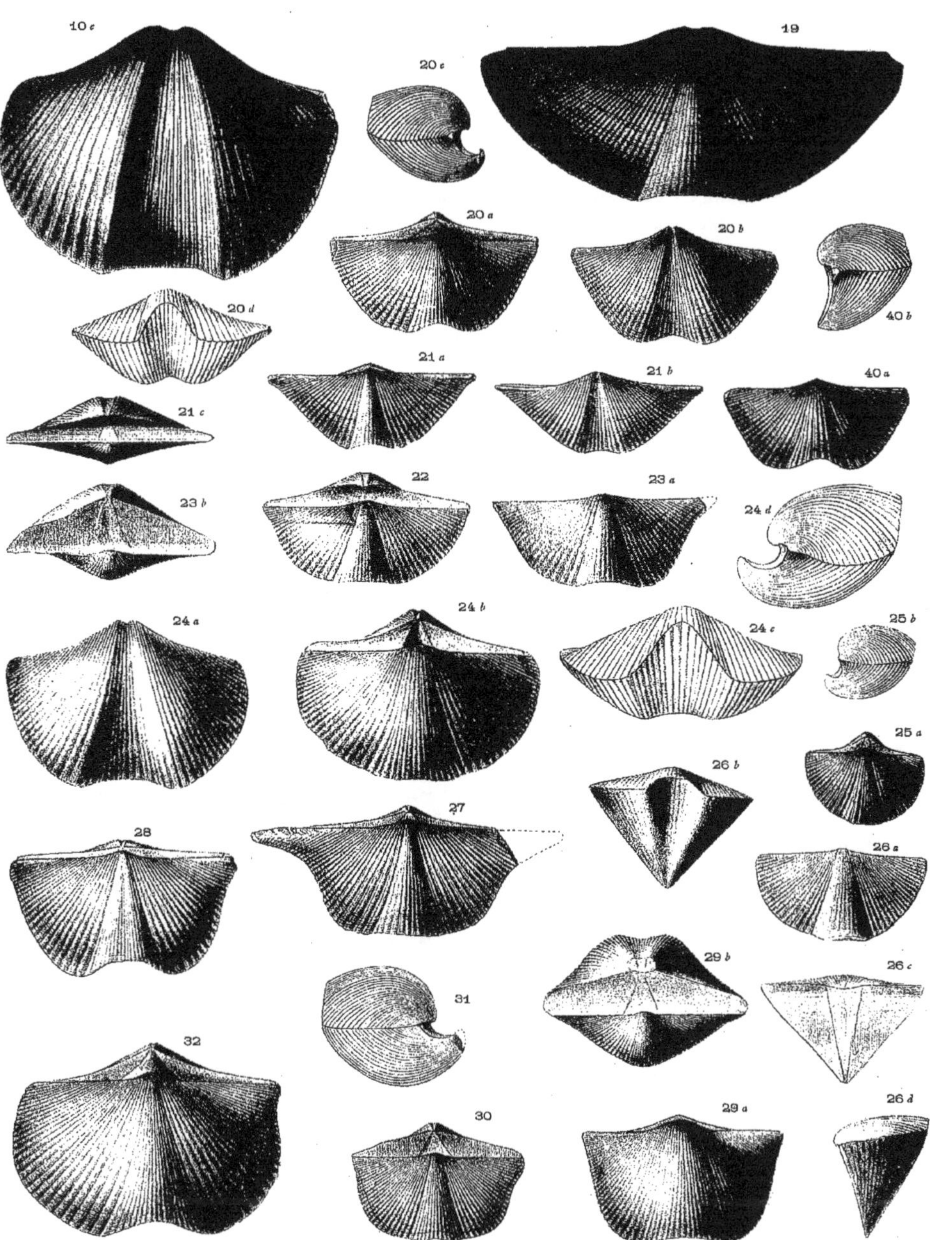

ROGGHÉ, AD NAT.

PLANCHE V

Fig. 33 **Spirifer Verneuili**, groupe des **obovati**. — Aye, Famennien, p. 35 : — 33 a *face* ; 33b *dos* ; 33c *profil*.

Fig. 34 **Spirifer Verneuili**, groupe des **obovati**. — Aye, Famennien, p. 35 : — *profil*.

Fig. 35 **Spirifer Verneuili**, groupe des **obovati**. — Aye, Famennien, p. 35 : — *aréa*.

Fig. 36 **Spirifer Verneuili**, groupe des **obovati**. — Awans, Frasnien, p. 35 : — *face*.

Fig. 37 **Spirifer Verneuili**, groupe des **obovati** — Rance, Frasnien, p. 33 : — *profil*.

Fig. 38 **Spirifer Verneuili**, groupe des **proquadrati**. — Senzeilles, Famennien, p. 30 : — 38 a *face* ; 38 b *dos* ; 38 c *profil*.

Fig. 39 **Spirifer Verneuili**, groupe des **obovati**. — Senzeilles, Famennien, p. 33 : — 39 a *face* ; 39 b *aréa* ; 39 c *profil*.

Fig. 40 **Spirifer Verneuili**, groupe des **obovati**. — Sains, Famennien, p. 35 : — *face*.

Fig. 41 **Spirifer Verneuili**, groupe des **obovati**. — Hotton, Frasnien, p. 34 : — 41 a *face* ; 41b *dos* ; 41c *aréa* ; 41 d *Profil*.

Fig. 42 **Spirifer Verneuili jeune, 1er âge**. — Ferques, Frasnien, p. 39 : — 42 a *face* (grossi au double); 42 a' *face* (grandeur naturelle).

Fig. 43 **Spirifer Verneuili jeune, 2e âge**. — Ferques, Famennien, p. 40 : — 43 a *face* ; 43 b *aréa* ; 43 c *profil*.

Fig. 44 **Spirifer Verneuili jeune, 1er âge**. — Beaulieu, Frasnien, p. 38 : — 44 a *face* (grossi au double); 44 b *dos* (grossi au double) ; 44' a *face* (grandeur naturelle).

Fig. 45 **Spirifer Verneuili jeune, 1er âge**. — Ferques, Frasnien, p. 38 : — 45 a *face* (grossi au double) ; 45' a *face* (grandeur naturelle) ; 45 b *dos* (grossi au double).

Fig. 46 **Spirifer Verneuili jeune, 1er âge**. — Romedenne, Frasnien, p. 39 : — *aréa*.

Fig. 47 **Spirifer Verneuili jeune, 2e âge**. — Jeumont, Frasnien, p. 40 : — 47a *dos* ; 47b *aréa*.

Fig. 48 **Spirifer Verneuili jeune, 2e âge**. — Localité inconnue, Frasnien, p. 41 : — 48 a *face* ; 48 b *aréa* ; 48 c *profil*.

Fig. 49 **Spirifer Verneuili jeune, 1er âge**. — Ferques, Frasnien, p. 38 : — 49 a *face* (gross. au double); 49 a' *face* (grand. nat.); 49 b *aréa* (gross. au double) ; 49 c *profil* (grand. nat.)

Fig. 50 **Spirifer Verneuili jeune, 2e âge**. — Hotton, Frasnien, p. 40 : — 50 a *face* (gross. au double); 50 a' *face* (grand. nat.)

Fig. 51 **Spirifer Verneuili jeune âge, 2e âge**. — Rhisne, Frasnien, p. 39 : — 51 a *dos* (gross. au double); 51 a' *dos* (grand. nat.)

Fig. 52 **Spirifer Verneuili jeune, 2e âge**. — Ferques, Frasnien, p. 40 : — 52 a *dos* (gross. au double); 52 a' *dos* (grand. nat.)

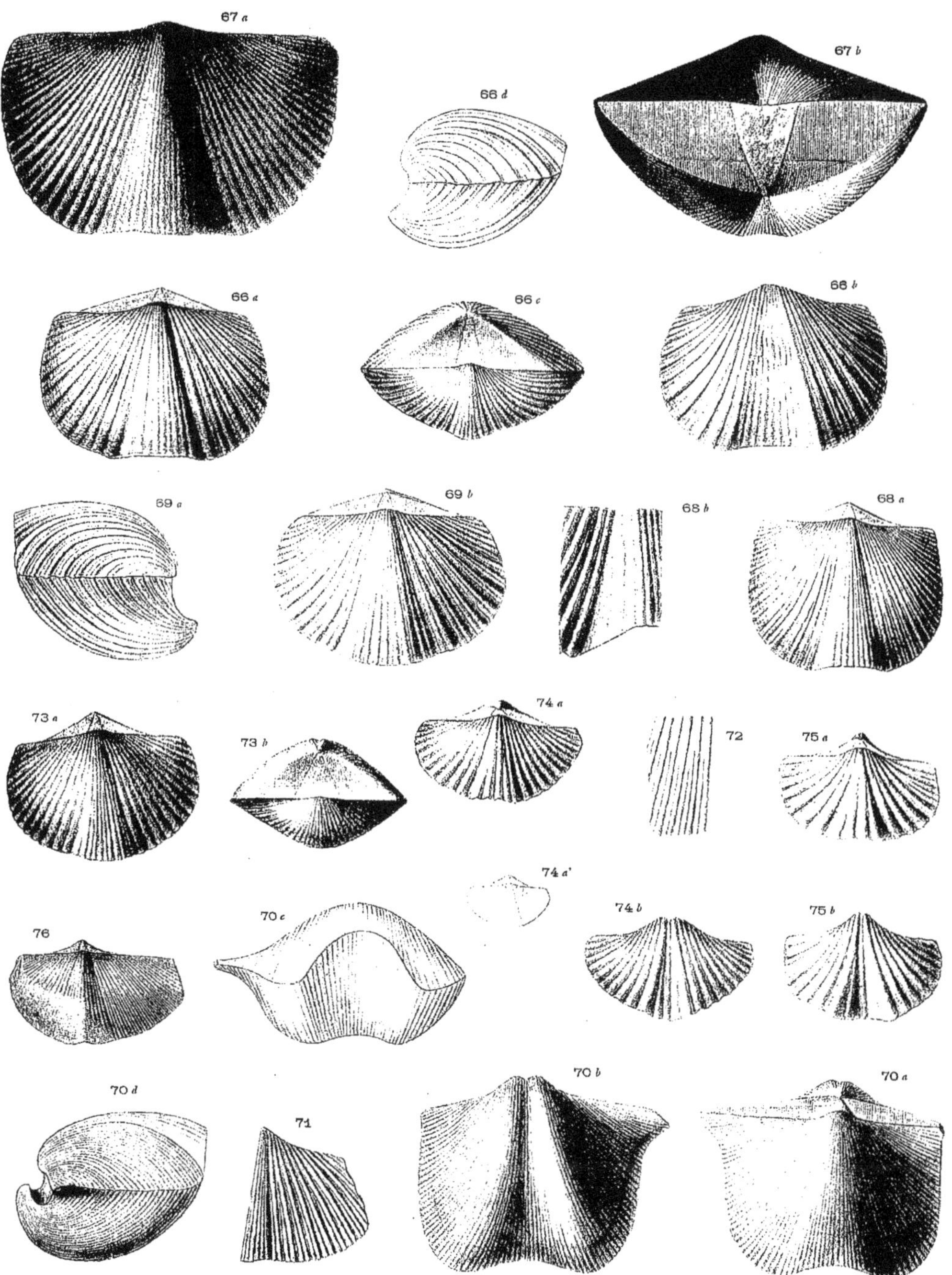
67 a
67 b
66 d
66 a
66 c
66 b
69 a
69 b
68 b
68 a
73 a
73 b
74 a
72
75 a
74 a'
76
70 c
74 b
75 b
70 d
71
70 b
70 a

PLANCHE VI

Fig. 58 **Spirifer Verneuili** du groupe des **attenuati**. — Senzeilles, Famennien, p. 22 : — *face*.

Fig. 59 **Spirifer Verneuili,** groupe des **elongati**. — Barvaux. Frasnien supérieur, p. 14 : — 59a *face* ; 59b *dos*.

Fig. 60 **Spirifer Orbelianus**. — Givet, Frasnien, p. 43 : — 60a *face* ; 60b *dos* ; 60c *front* ; 60d *profil*.

Fig. 61 **Spirifer Orbelianus**. — Beaulieu, Frasnien, p. 43 : — *face*.

Fig. 62 **Spirifer Orbelianus**. — Virelles, Frasnien, p. 43 : — *face*.

Fig. 63 **Spirifer Orbelianus**. — Virelles, Frasnien, p. 44 : — 63a *aréa* ; 63b *front*.

Fig. 64 **Spirifer Orbelianus**. — Dourbes, Frasnien, p. 44 : — 64a *front* ; 64b *profil*.

Fig. 65 **Spirifer Orbelianus**. — Givet, Frasnien, p. 43 : — *profil*.

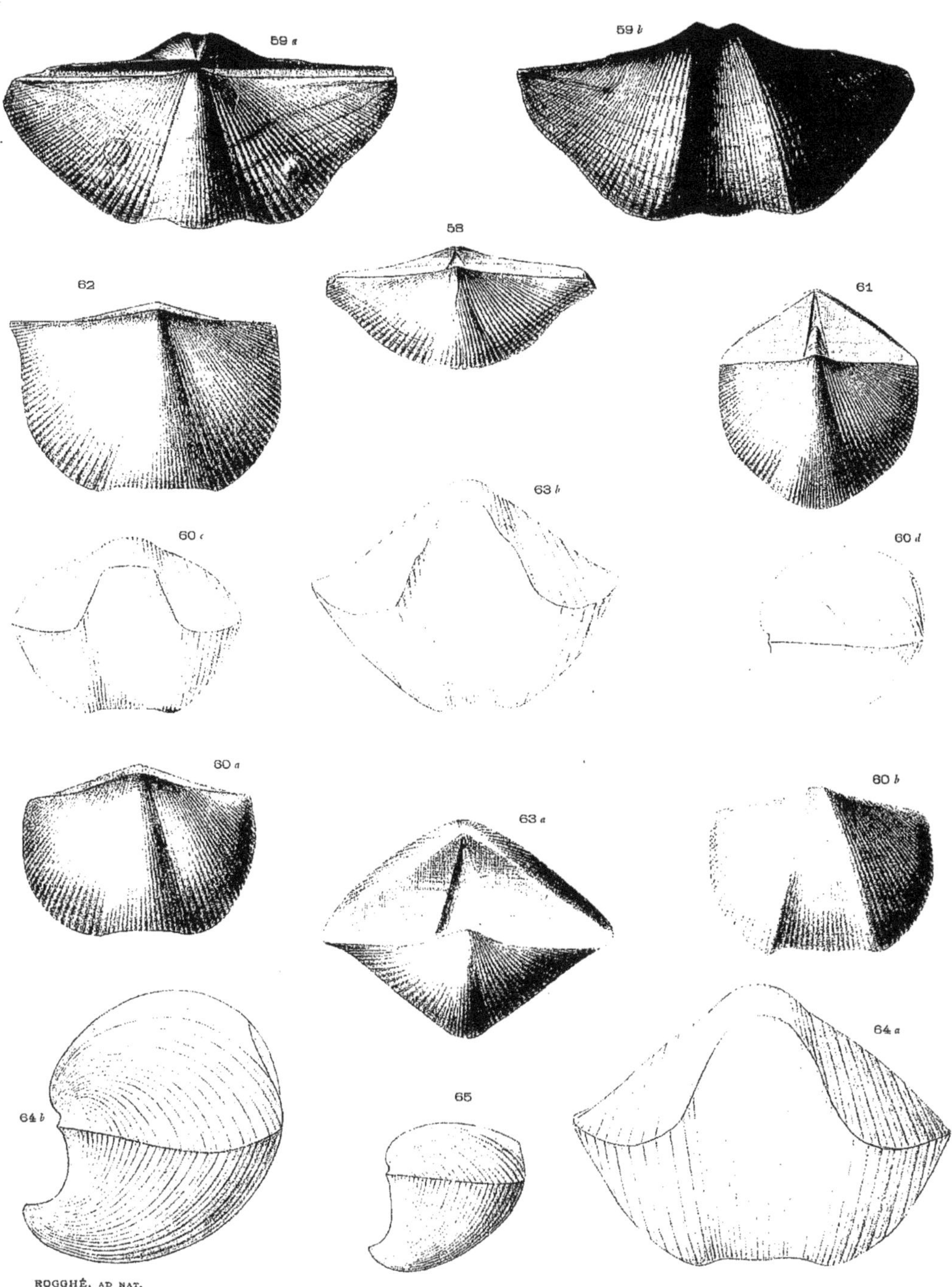

ROGGHÉ, AD NAT.

PLANCHE VII

Fig. 66 **Spirifer aperturatus**. – Glageon, Frasnien, p. 46 : — 66a *face* ; 66 b *dos* ; 66 c *aréa* ; 66 d *profil*.

Fig. 67 **Spirifer aperturatus**. – Glageon, Frasnien, p. 46 : – 67 a *face* ; 67 b *aréa*.

Fig. 68 **Spirifer aperturatus**. – Glageon, Frasnien, p. 46 : — 68a *face* ; 68 b *test sur le bord du bourrelet* (grossi).

Fig. 69 **Spirifer aperturatus**. — Foische, Frasnien, p. 46 : – 69 a *face* ; 69 b *profil*.

Fig. 70 **Spirifer Malaisi**. — Boussu-en-Fagne, p. 47 : — 70 a *face* ; 70 b *dos* ; 70 c *front* ; 70 d *profil*.

Fig. 71 **Spirifer Malaisi**. – Nimes, Frasnien, p. 48 : — *portion d'aile montrant la bifurcation des côtes* (gross.)

Fig. 72 **Spirifer Malaisi**. — Bomal, Frasnien, p. 48 : – *portion d'aile montrant la bifurcation des côtes* (gross.)

Fig. 73 **Spirifer bifidus?** – Wallers, Frasnien, p. 50 : – 73 a *face* ; 73 b *aréa*.

Fig. 74 **Spirifer bifidus?** — Wallers, Frasnien, p. 51 : — 74 a *face* (gross au double) ; 74 a' *face* (grand nat.) ; 74 b *dos* (gross. au double).

Fig. 75 **Spirifer bifidus**. — Trélon, Frasnien, p. 51 : — 75 a *face* : 75 b *dos*.

Fig. 76 **Spirifer attenuatus** – Dimont, Famennien, p. 48 : — *face*.

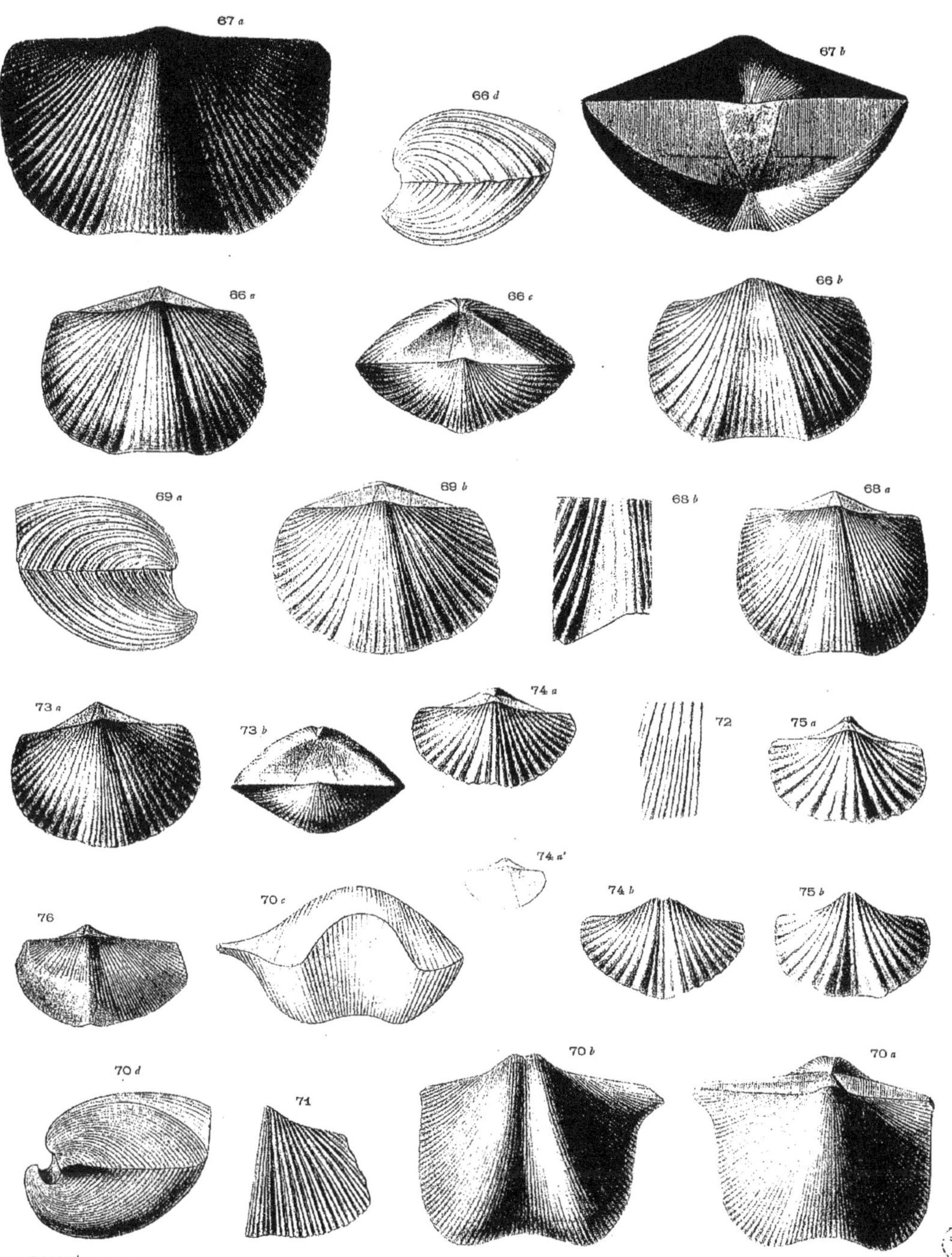

ROGGHÉ, AD NAT.

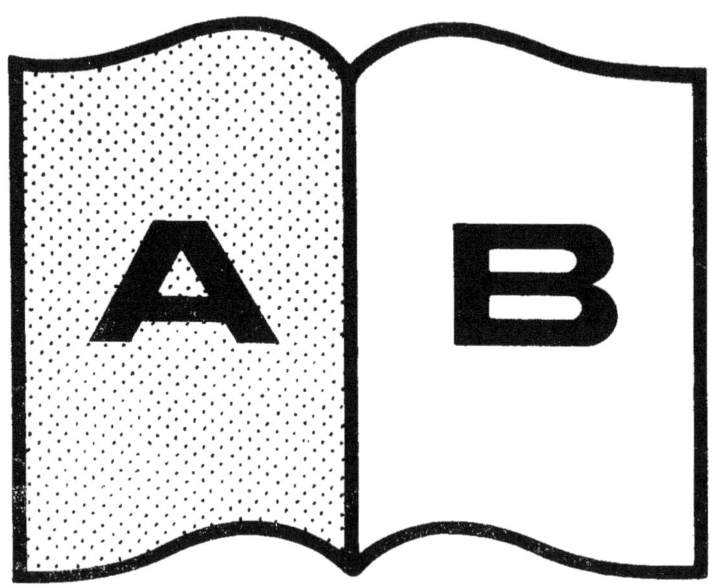

Contraste insuffisant

NF Z 43-120-14

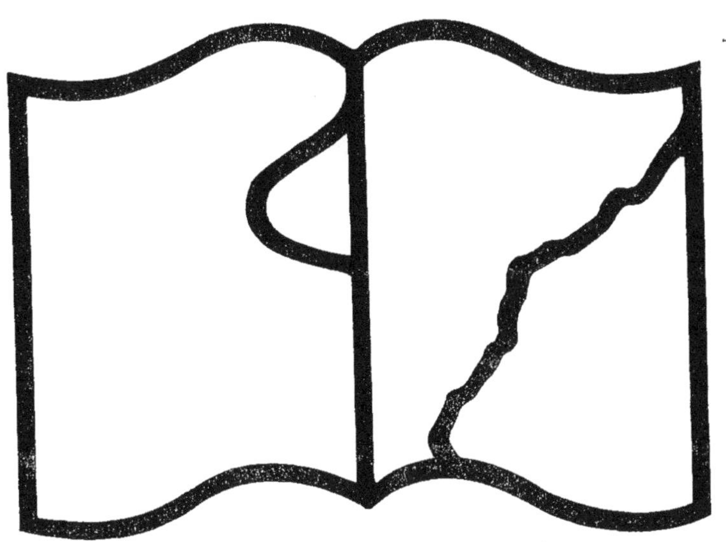

Texte détérioré — reliure défectueuse

NF Z 43-120-11

www.ingramcontent.com/pod-product-compliance
Ingram Content Group UK Ltd.
Pitfield, Milton Keynes, MK11 3LW, UK
UKHW031052260726
13965UKWH00006B/1353

9 782013 343695